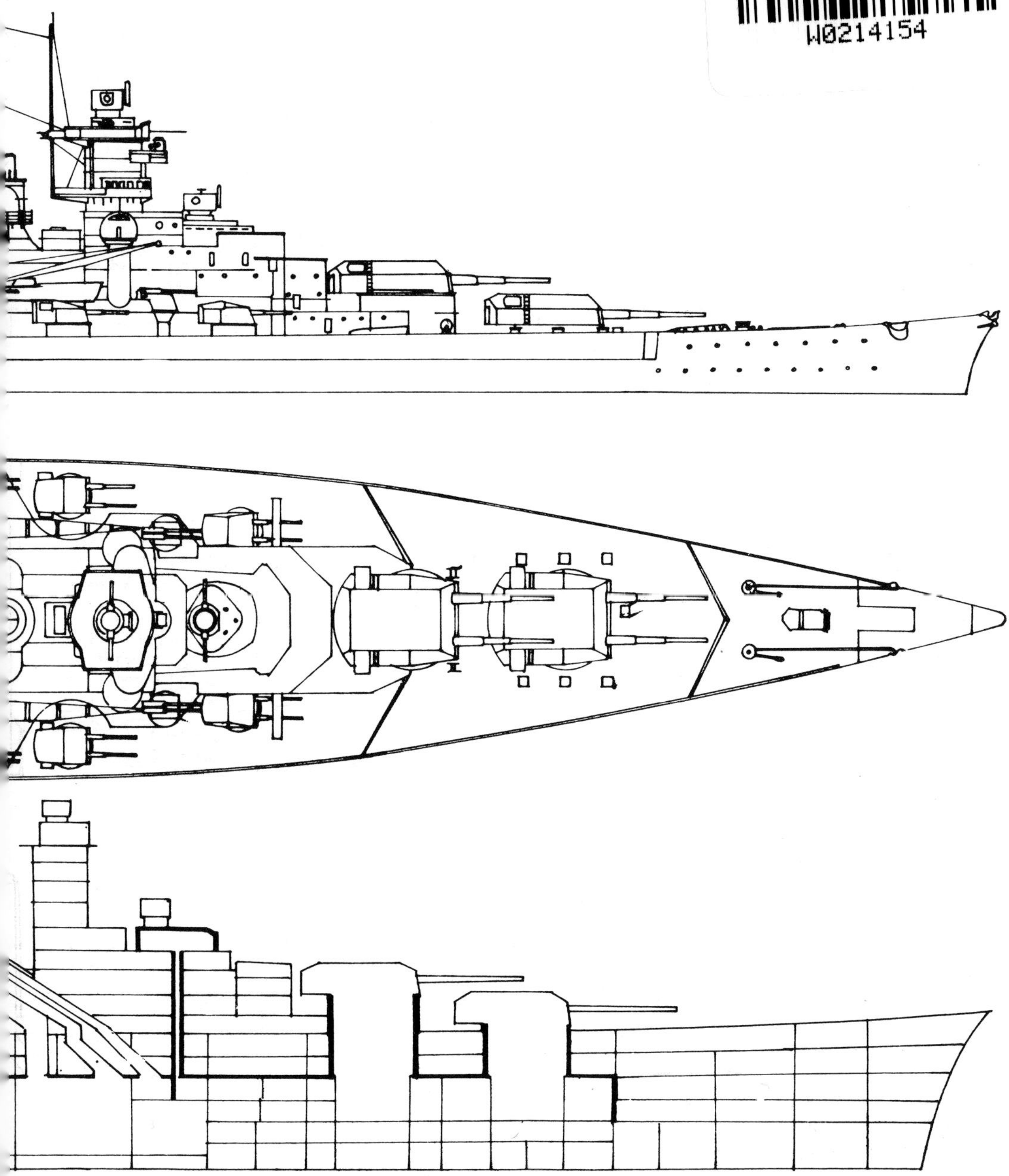

David Brown

Die Tirpitz

Eine schwimmende Festung und ihr Schicksal

Bernard & Graefe Verlag

Bildnachweis

Sammlung des Autors: Nr. 4, 5, 7
Sammlung Crown: Nr. 24, 146, 147, 148, 169, 173, 194, 195, 201, 203, 206, 208, 216, 218, 221, 222, 223, 226, 234, 235, 236
Ministry of Defence RN (Verteidigungsministerium): Nr. 6
Fleet Air Arm Museum: Nr. 227
D. J. Frearson: Nr. 213
Imperial War Museum: Nr. 69, 70, 139, 145, 179, 180, 190, 202, 204, 205, 207, 209, 210, 211, 212, 214, 215, 219, 220, 229, 231, 232, 233
Novosti Press: Nr. 171
U. S. Navy: Nr. 8
A. J. Ward: Nr. 224, 225
Tirpitz-Sammlung: restliche Abbildungen

Übersetzung

Gerhard Koop, Wilhelmshaven (Inhalt) und Herbert Grallert, München (Bildlegenden)

Die engl. Originalausgabe erschien 1978 im Verlag
Arms und Armour Press, GB-London NW 3 1 QQ
Der Original-Titel lautet: TIRPITZ, The floating fortress

1. Auflage Bernard & Graefe Verlag, München 1980
2. Auflage/Sonderausgabe

Druck und Bindung: New Interlitho Italia Spa
Printed in Italy

ISBN 3-7637-5987-5

Inhalt

Vorwort des Übersetzers

Dies ist die Geschichte der Entstehung, des Werdeganges, des Lebenslaufes und der Vernichtung des letzten und zugleich größten deutschen Schlachtschiffes — aus der Sicht der „anderen Seite“.
Ein faires und sauberes Buch, mit großem Bildteil und kurzgefaßtem, aber trotzdem erschöpfendem Text.
Da es sich um die britische Darstellung des Kampfes gegen die *Tirpitz* handelt, hat sich der Übersetzer streng an den Originaltext gehalten, jedoch mit der Ausnahme, daß teilweise unrichtige Bildunterschriften richtiggestellt wurden. An einer Stelle wurde auch das Indienststellungsdatum korrigiert; hier sind dem Autor entweder falsche Daten übermittelt worden, oder sie wurden mißverstanden.
Einige Anmerkungen zum Geschehen seien erlaubt. Bereits während der Bauphase des Schlachtschiffes waren die britischen Aufklärer tätig, und in der Nacht vom 19./20. Juli 1940 erfolgte ein Luftangriff auf die Marinewerft Wilhelmshaven, um die dort in der Ausrüstung liegende *Tirpitz* zu treffen. Zu jener Zeit jedoch war die britische Luftwaffe noch nicht so kampffähig, um so über Deutschland zu verfahren, wie sie es schon ein Jahr später tat.
Für wie gefährlich die Admiralität ihr Erscheinen in Norwegen hielt, geht daraus hervor, daß bereits am 5. November 1941 in den Gewässern um Island und in der Dänemarkstraße ein Verband der Home Fleet zusammengezogen wurde, der aus dem Schlachtschiff *King George V*, dem Träger *Victorious*, drei Schweren und drei Leichten Kreuzern bestand. Man fürchtete einen Ausbruch der *Tirpitz*. Obwohl noch nicht im Krieg mit Deutschland befindlich, patrouillierten auch US-Kriegsschiffe in diesem Gebiet und unterstützten die Home Fleet. Es waren die Schlachtschiffe *Idaho* und *Mississippi*, die Kreuzer *Wichita* und *Tuscaloosa*.
Das in der Nacht vom 28./29. März gegen den deutschen U-Bootstützpunkt St. Nazaire durchgeführte britische Kommandounternehmen — Schnellboote und der mit Sprengstoff angefüllte Zerstörer *Campbelltown* — diente ebenfalls zur Abwehr eines vermuteten Durchbruchs der *Tirpitz* in den Atlantik. Die Schleuse wurde zerstört und damit auch die Möglichkeit eines Einlaufens in diesen Hafen.
Natürlich gab es zwischen der Luftwaffe und der Kriegsmarine ein Rivalitätsdenken und Eifersüchteleien, natürlich beanspruchte Göring die Kommandogewalt „über alles, was flog“, aber deshalb war trotzdem ein Schutz für die *Tirpitz* vorhanden. Nur, die deutsche Wehrmacht kämpfte zu jener Zeit bereits mit dem Rücken an der Wand, die Truppen des Heeres und die Kräfte der Luftwaffe waren auf viele Kriegsschauplätze verteilt, hinzu kam, daß der Aderlaß der Luftwaffe in den ersten Kriegsjahren erheblich gewesen war, ihr fehlte einfach das Material und auch das Personal, um allen Forderungen gerecht zu werden. Die Masse der deutschen Jagdflieger befand sich in der Heimat, um den dort im rollenden Einsatz in das Reichsgebiet einfliegenden Bomberverbänden zu begegnen.
In Nordnorwegen befand sich eine Gruppe des Jagdgeschwaders 3. Sie war auch zum Schutz der *Tirpitz* vorgesehen, wurde aber durch einen verhängnisvollen Irrtum — ausgerechnet an dem Tage, als die *Tirpitz* versenkt wurde — fehlgeleitet. Ob die Jäger das Unglück hätten abwenden können, bleibt unbeantwortbar. Im Grunde genommen waren sie zu wenige und zu schwach. Das traf auch für die übrigen Verteidigungsmaßnahmen zu, die beiden Flakschiffe — ehemalige norwegische Küstenpanzer — und die übrigen Abwehranlagen reichten nicht aus.
Zusammenfassend kann gesagt werden, es waren wohl weniger strategische Überlegungen als vielmehr die britische Mentalität, mit einer gewissen Hartnäckigkeit eine Aufgabe zu Ende zu führen, nämlich das letzte deutsche Großkampfschiff zu versenken. Eine wirkliche Gefahr war die *Tirpitz* zu dieser Zeit nicht mehr.

Gerhard Koop

Einleitung

Die Geschichte der letzten drei Tage im so kurzen Leben des deutschen Schlachtschiffes *Bismarck* ist ein Epos deutschen Mutes und hartnäckiger britischer Entschlossenheit.

Das letzte Gefecht zwischen *Bismarck* und den britischen Schlachtschiffen *Rodney* und *King George V* waren der Anfang einer Legende, die sich nach dem Ende des deutschen Schiffes, das ein paar Tage zuvor die *Hood* versenkt und die *Prince of Wales* beschädigt hatte, um dieses bildete.

Einzelheiten wurden gefühlsmäßig ausgeschmückt, auf deutscher Seite im Stolz über den Erfolg gegen eine Übermacht, auf britischer Seite aus Scham über den Verlust der *Hood*, einem veralteten, schwach gepanzerten und unmodernen Schiff, das bis dahin jedoch als Sinnbild der britischen Seemacht gegolten hatte, als solches auch vom Herausgeber des ,,Jane's Fighting Ships" und der nationalen Presse herausgestellt wurde und den Mythos der Unsinkbarkeit besaß.

Es bedurfte krampfhafter Anstrengungen von Seiten der Royal Navy, die *Bismarck* zu finden, zu stellen und schließlich zu zerstören. Insgesamt wurde 9 Schlachtschiffen und 3 Flugzeugträgern der Befehl gegeben, sich an der Jagd zu beteiligen. Geleitzüge wurden verlassen und ihres Schutzes beraubt — glücklicherweise ohne Schaden für sie —, und es bestand kein Zweifel, daß diese Sache nicht ohne Nachwirkungen verlaufen würde.

Da bekannt war, daß das Schwesterschiff der *Bismarck*, die *Tirpitz*, zwei Monate vor der Jagd im Atlantik, im März 1941 mit ihren See-Erprobungen begonnen hatte, stand für die Royal Navy fest, daß eine Wiederholung durchaus möglich war. Aber *Tirpitz* nahm, als sie die deutschen Gewässer verließ, nicht Kurs nach Westen, sondern verlegte in den Norden, um sich anschließend in den norwegischen Fjorden zu verkriechen. Dort bildete sie eine ständige Gefahr für die stark gesicherten Geleitzüge nach Nordrußland. Ihr relativ langes Leben war im Gegensatz zu dem kurzen, aber ereignisreichen der *Bismarck* von Inaktivität geprägt.

Ihre vereinzelten Vorstöße führten zu keiner Feindberührung. Nahezu drei Jahre lang zwang sie die Royal Navy, zwei moderne Schlachtschiffe in den nördlichen Gewässern zu stationieren, hinzu kam ein kampfkräftiger Flugzeugträger. Diese Einheiten wären an anderer Stelle dringend notwendiger gewesen. Britische Versuche, die *Tirpitz* aus ihrem Versteck zu locken, waren ergebnislos, genauso wie alle Angriffe auf sie bis zum September 1943. Danach war die ,,Schwimmende Batterie" ständigen Luftangriffen ausgesetzt, bis sie schließlich ihr Ende fand, unter Umständen, die den Mangel an Entschlußkraft und Verantwortung widerspiegeln, der dazu führte, daß ein Instrument, geschaffen für den offensiven Einsatz auf See, nur dalag und abwartete, um zum Schluß nur noch — degradiert zu einer festen Verteidigungsstelle in den arktischen Gewässern — zu versinken.

Anmerkung: Alle Zeitangaben in diesem Buch entsprechen der Marineterminologie, z. B. 1435 entspricht 14 Uhr und 35 Minuten, bzw. 2 Uhr und 35 Minuten nachmittags.

Entgegen der üblichen Praxis wurden alle Panzerstärken in cm angegeben.

1. Ein Schlachtschiff wird gebaut

Schlachtschiff *G* wurde Anfang 1936 in Auftrag gegeben, und am 26. Oktober desselben Jahres wurde der Kiel gestreckt. Der Stapellauf der *Tirpitz* erfolgte am 1. April 1937. Die Indienststellung fand am 25. Februar 1941 statt.

Kein Kriegsschiff wird in den leeren Raum hineingebaut und entspringt ohne Beeinflussung internationaler Aktivitäten und nationaler Belange der Eingebung seiner Konstrukteure.

Tirpitz war ein Kind seiner (der deutschen) Zeit und eines der 16 Großkampfschiffe der dritten Dreadnoughtgeneration, die Mitte der 30er Jahre konzipiert und zwischen 1940 und 1942 von den Werften der USA, Japans, Italiens, Frankreichs und Großbritanniens sowie auch Deutschlands gebaut wurden.

Die erstgenannten Staaten gehörten zur Entente, die 1918 die Mittelmächte besiegt und sich anschließend aufgrund des Washingtoner Abkommens 1922 und der nachfolgenden Konferenz 1930 (ohne Frankreich und Italien) sowie Ende 1936 (ohne Japan) bezüglich einer Beschränkung des Baues von Großkampfschiffen geeinigt hatten.

Deutschland gehörte nicht zu den Unterzeichnern des Washingtoner Abkommens, weil es durch die Bedingungen des Versailler Friedensdiktats von 1919 hinsichtlich des Flottenbaues und -bestandes umfassend eingeschränkt worden war. Ihm blieben 6 Vor-Dreadnought-Linienschiffe, 6 Leichte Kreuzer und 24 kleine Torpedoboote und Hochseetorpedoboote. Ein Ersatz für die Linienschiffe durfte eine (Standard*)-)Verdrängung von 10 000 ts nicht überschreiten, das Geschützkaliber war auf 28 cm festgelegt.

Die Großkampfschiffe der Siegermächte hatten ein Kaliber von 30,5 cm und darüber. Die erlaubte Verdrängung entsprach derjenigen, die in Washington für die Schweren Kreuzer festgelegt worden war, und dadurch war es unmöglich, starken Panzerschutz, hohe Geschwindigkeit und großen Fahrbereich miteinander zu verbinden. Die Alliierten hatten bei dieser Festlegung ganz klar irgendeine Art von Küstenpanzerschiff (Monitor) im Auge — ohne Tiefwassereigenschaften. Sie hatten viel weniger Vorstellungskraft als die deutschen Marinekonstrukteure.

Erst 1926 konnte die Weimarer Republik daran gehen, Ersatzbauten für die vorsintflutlichen Linienschiffe zu planen, und zwar für Schiffe, die in ihren Abmessungen innerhalb der Grenzen des Versailler Diktats lagen. Die Offiziere der Marineleitung und die Konstrukteure, die für die Entwicklung und den Entwurf verantwortlich zeichneten, übertrafen sich selbst und konstruierten ein Schiff, das den anderen Marinen Stoff zum Nachdenken gab.

Durch den Einbau von leistungsstarken, aber doch wirtschaftlichen Dieselmotoren, die überwiegende Anwendung der Schweißtechnik und den Einbau einer aktiven Schlingerdämpfungsanlage als Ausgleich für das große Toppgewicht und die geringe Breite, machte das neue Panzerschiff den Unsinn klar, den der „Washingtonkreuzer" mit seinen 10 000 ts und den 20,3 cm-Geschützen darstellte, der das größte waffentragende Schiff war, das gebaut werden durfte, während die Beschränkung für Schlachtschiffe gültig blieb.

Das „Pocket-Battleship"*) hatte einen Fahrbereich von 20 000 Meilen und war 26 kn schnell. Seine Bewaffnung bestand aus sechs 28 cm-Geschützen in Drillingstürmen, acht 15 cm-Geschützen als Mittelartillerie und acht 8,8 cm-Flak. Maschinenanlage, Munitionskammern und Magazine waren gegen 15,2 cm-Geschützfeuer und 227 kg-Bomben geschützt.

Nicht überraschend lag die Standardverdrängung etwa 1 700 ts höher als gemäß Versailles erlaubt war, eine Verletzung, die jedoch die deutsche Regierung nicht bekannt gab, als das erste Schiff, die *Deutschland*, im Februar 1929 auf Kiel gelegt wurde.

Die Unterzeichner des Washingtoner Abkommens hatten nie mit dem Gedanken gespielt, daß die deutsche Marine wieder eine Hochseeflotte erhalten sollte, und das bevorstehende Erscheinen dieses Schif-

*) Standardverdrängung war das Gewicht des Schiffes, voll ausgerüstet und munitioniert, es fehlten lediglich Heizöl, Schmieröl und Kesselspeisewasser. Diese Größen waren festgelegt als Maßstab für den Vergleich von Kriegsschiffsentwürfen, bezogen auf die Begrenzung der Größe — die Standardverdrängung.

*) Anm. d. Übers.: Taschen-Schlachtschiff, anfänglich abwertende Bezeichnung der anderen Staaten. Ab Februar 1940 umbenannt in Schwere Kreuzer.

fes, das nahezu allen potentiellen Gegnern, denen es nicht entkommen konnte, an Feuerkraft überlegen war, rief Proteste hervor, denen auf legalem Wege jedoch keine Unterstützung gewährt werden konnte.

Deutschland schlug vor, auf den Bau zu verzichten, aber die gestellte Bedingung — Aufnahme als gleichberechtigtes Vollmitglied in den Kreis der Unterzeichnerstaaten des Washingtoner Abkommens — wurde aus politischen Gründen von Frankreich nicht akzeptiert, obwohl es — militärisch gesehen — eine Fortsetzung der Neubaubeschränkung bedeutet hätte. Während der Konferenz, die der Unterzeichnung des Londoner Flottenbegrenzungsabkommens 1930 voranging, nahmen die Teilnehmer zur Kenntnis, daß Frankreich sich von den Klauseln abwenden wollte, die den Bau von Großkampfschiffen einschränkten und die Größe der Kreuzer festlegten. Das faschistische Italien, das die Gleichberechtigung seiner Flottenstärke im Mittelmeer anstrebte, folgte Frankreich, und so nahm das Wettrüsten wieder seinen Anfang.

Die französische Antwort auf die *Deutschland*-Klasse war ein schnelles Schlachtschiff von 26 500 ts, bewaffnet mit acht 33 cm-Geschützen und 29,5 kn schnell. Der Fahrbereich lag bei 7 500 Sm, also erheblich weniger als beim ,,Pocket-Battleship'', aber ausreichend aufgrund der geographischen Lage Frankreichs und der zahlreichen überseeischen Stützpunkte. Die erste Einheit, *Dunkerque*, wurde 1931 in Auftrag gegeben. Die Kiellegung erfolgte Ende 1932 (vier Monate vor Fertigstellung der *Deutschland*), und im April 1937 war das Schiff fertiggestellt.

Als Anfang 1939 die *Strasbourg* dem Schwesterschiff folgte, befanden sich bereits zwei weitere ,,Pocket-Battleships'', *Admiral Scheer* und *Admiral Graf Spee*, in Dienst, darüber hinaus hatte die deutsche Marine zwei Schlachtkreuzer gebaut, die wiederum die direkte Anwort auf die *Dunkerque*-Klasse waren.

Die Weimarer Republik, die Deutschland stabilisiert hatte und die Demokratie brachte, wurde 1933 durch das nationalsozialistische 3. Reich abgelöst, als Adolf Hitler Reichskanzler wurde. Im Oktober 1933 verließ Hitler die Abrüstungskonferenz und den Völkerbund und widerrief die Unterschrift unter dem Versailler Diktat. So von allen Bindungen befreit, änderte die deutsche Marine ihre Pläne und legte als Antwort auf die neuen französischen Schiffe zwei große Schlachtkreuzer auf Stapel, nominell von der gleichen Verdrängung. Das war im Februar 1934. *Scharnhorst* und *Gneisenau* erhielten die gleichen Geschütztürme wie die *Deutschland*-Klasse. Es waren die Türme, die ursprünglich für weitere drei ,Pocket-Battleships' vorgesehen waren, die jedoch nie gebaut wurden. Im Vergleich zur *Dunkerque*-Klasse — und genau besehen — waren sie unterbewaffnet, auch gegenüber den älteren britischen Schlachtkreuzern. Aber die Konstruktion eines 38 cm-Zwillingsturmes hatte erst 1934 begonnen, und es war beabsichtigt, diese gegen die 28 cm-Drillingstürme auszuwechseln.

Um diesen Typ genau anzusprechen, wurden viele sorgfältige Untersuchungen angestellt, denn hauptsächlich aus Prestigegründen wurden diese beiden Schiffe als Schlachtschiffe bezeichnet. In Wahrheit entsprachen sie eher dem Panzerkreuzer, wie im Ersten Weltkrieg die Bezeichnung der deutschen Gegenspieler der britischen Schlachtkreuzer lautete. Auch ein anderer Gesichtspunkt spielte letztlich eine Rolle, sie waren einem vollwertigen Schlachtschiff ebenbürtig, denn sie waren stark gepanzert. Die beiden Panzerdecks hatten eine Gesamtdicke von 17,5 cm, der Gürtelpanzer, seitlich der Maschinenräume und Magazine, war in der Wasserlinie 33 cm dick. Nur zwei europäische Schlachtschiffe, die sich 1939 im Dienst befanden, besaßen eine stärkere Panzerung, die britischen *Nelson* und *Rodney*.

Aber abgesehen von diesen Vergleichsdaten — Verdrängung, Bewaffnung und Antriebsleistung — waren die deutschen Schiffe reine Schlachtkreuzer (und sie würden es auch bleiben, wenn sie mit sechs 38 cm-Geschützen ausgerüstet wurden und dann in der Lage waren, allen Großkampfschiffen mit 38 cm- oder 40,6 cm-Geschützen — mit Ausnahme der *Hood* — zu entkommen). Die italienische Marine ließ sich Zeit mit dem Entwurf, der Auftragserteilung und dem Bau ihrer Antwort auf die *Dunkerque*, dafür zeigte die *Littorio*-Klasse dann aber eine merkliche Erhöhung der Größe, des Geschützkalibers und glücklicherweise auch der Bauzeit im Vergleich zu anderen Neubauten in der Zeit nach dem Abkommen. *Littorio* und *Vittorio Veneto* hatten eine Verdrängung, die 41 000 ts überschritt (obwohl die Italiener erklärt hatten, daß sie sich an die Vertragsgrenze von 35 000 ts halten würden). Sie erhielten eine Bewaffnung von neun 38 cm-Geschützen in Drillingstürmen. Die Verteilung des Schiffsschutzes war umfangreich und groß, in der Wasserlinie 35 cm dick und in der Horizontalen über den wichtigen Bereichen insgesamt 20,7 cm. In einem gewissen Abstand von der Außenhaut befand sich eine neue Art Torpedoschott als Hauptunterwasserschutz, im Gegensatz zu vergleichbaren ausländischen Schiffen. Die Geschwindigkeit der neuen italienischen Schlachtschiffe war beeindruckend, denn bei den Probefahrten erreichten sie mehr als 31 kn und bei Dauerhöchstfahrt 28 kn. Ein großer Aktionsradius war nicht erforderlich, weil die italienische Marine keine großen Ozeanambitionen hatte, nur „siegreiche“ Vorstöße im Mittelmeer und im Roten Meer. Obwohl im Oktober 1934 auf Stapel gelegt, waren die beiden *Littorios* nicht vor August 1940 fertig, drei Jahre nach dem Stapellauf. Die Verzögerungen basierten auf dem Fehlen der Produktionskapazität für Panzerungen und großkalibrige Schiffsgeschütze in diesem Lande sowie dem Nichtvorhandensein ausreichender Fachkräfte auf den Werften. Diese beiden Mängel waren auch erschwerend bei der Modernisierung der 4 älteren Schlachtschiffe und der Kiellegung von zwei weiteren Schiffen der *Littorio*-Klasse, *Impero* und *Roma*.

Aus verständlichen Gründen konnte Frankreich die Italiener auf diesem Wege nicht alleine gehen lassen, und 1935 wurde für zwei vergrößerte Schiffe der *Dunkerque*-Klasse der Bauauftrag erteilt. Beide Schiffe ähnelten äußerlich ihren beiden Vorgängern mit der Konzentration der schweren Artillerie in zwei Vierlingstürmen vor der Brücke. Aber sie waren in jeder Hinsicht größer und kampfstärker. Die Standardverdrängung betrug 38 500 ts (obgleich mit 35 000 ts angegeben), die Geschwindigkeit mehr als 31 kn, die Bewaffnung bestand aus acht 38 cm-Geschützen. Der Panzerschutz war dem der *Littorio*-Klasse überlegen und in der Tat der stärkste, der je in ein westliches Großkampfschiff in den 30er Jahren eingebaut worden ist. Die Kiellegung des ersten Schiffes dieser neuen Klasse, *Richelieu*, erfolgte im Oktober 1935. Sie war im Juni 1939 fertiggestellt und entkam von Frankreich nach Dakar. Das Schwesterschiff, die *Jean Bart*, wurde erst im Januar 1939 auf Kiel gelegt, lief aber bereits im März 1940 vom Stapel und brachte es fertig, ohne Bewaffnung, nur mit einigen schnell aufgebauten Flawaffen, nach Casablanca zu entweichen.

Es lag nicht in der Natur des Nationalsozialismus, daß Deutschland hinter den anderen europäischen Mächten zurückstand, aber bevor die nächste Stufe seines Flottenbauprogramms eingeläutet wurde, schloß die deutsche Regierung einen Vertrag mit Großbritannien, der eindeutig den Umfang der Flottenstärke, Großbritannien gegenüber, festlegte. In Wahrheit legitimierte dieses britisch-deutsche Flottenabkommen vom März 1935 Hitlers Widerrufung des Versailler Diktats und bestätigte die deutsche Wiederaufrüstung zur See. Die britische Regierung glaubte, dieser Wiederaufrüstung zustimmen zu können, weil die deutsche Marine nach diesem Vertrag insgesamt 35% der Gesamttonnage aller Überwasserschiffe der Royal Navy bauen konnte. Weniger Aufmerksamkeit schenkte man dem Anwachsen der hochseefähigen Stärke der deutschen Marine, nur der Aggression dienend und nicht dem Schutz der Handelsschiffahrt, die lebensnotwendig ist für das Überleben eines Staates.

Die Unterzeichner des Londoner Flottenabkommens von 1930 konnten kein einziges Großkampfschiff auf Stapel legen, das war frühestens erst Ende 1936 möglich. Die britische Regierung jedoch hatte Deutschland die Zustimmung erteilt, ab 18. Juni 1935 jederzeit Schlachtschiffe zu bauen, und das mit einer Gesamttonnage von 183 750 ts (von denen 82 000 ts bereits für die ‚Pocket-Battleships‘ und die beiden Schlachtkreuzer verbaut worden waren).

Erste Entwurfsstudien eines Schlachtschiffes führten schon auf 1932 zurück, die Konstruktion eines 38 cm-Zwillingsturmes hatte bereits 1934 begonnen. Nachdem das Londoner Flottenabkommen die Grenze von 35 000 ts für einzelne Schlachtschiffe akzeptiert hatte, beschlossen die Deutschen, zwei Schiffe mit dieser nominalen Größe zu bauen. Dank der Aktivität der Konstrukteure in den letzten Monaten des Jahres 1935 konnten im Januar 1936 die Verträge für die Schlachtschiffe *F* und *G*, die bald bekannt wurden als *Bismarck* und *Tirpitz*, abgeschlossen werden, und die Kiellegung der ersteren erfolgte am 1. Juni 1926, der letzteren am 24. Oktober 1936. Die Royal Navy gab 1936 zwei 35 000 ts-Schlachtschiffe in Auftrag, die am 1. Januar 1937 auf Stapel gelegt wurden, beide wurden zu Gegenspielern der *Bismarck* im Verlauf deren einzigen Einsatzes.

Die USA konzentrierten sich mehr auf die Überlegenheit gegenüber der Kaiserlich-japanischen Marine und vergab die ersten Aufträge für neue Schiffe 1937, aber die *North Carolina*, das erste, wurde erst am 27. Oktober 1937 auf Stapel gelegt, neun Tage, bevor die Japaner für *Yamato* den Kiel streckten.

Die Briten optierten für eine 10 x 35,6 cm-, die US-Navy für eine 9 x 40,6 cm-Bewaffnung, jeweils bei einer Verdrängung von 35 000 ts, aber die Japaner übertrafen alle festgelegten Grenzen, indem sie ein Ungetüm von 63 000 ts bauten, mit einer Bewaffnung von neun 46 cm-Geschützen.

Diese vier Schiffe wurden zwischen Dezember 1940 und Dezember 1941 fertiggestellt, ebenfalls auch eine dritte Einheit der *King George V*-Klasse. Die

Kiellegung aller fünf Schiffe war Mitte 1937 erfolgt. Während der 18 Monate bis Dezember 1941 wurden insgesamt 10 moderne Schlachtschiffe fertiggestellt, drei in Großbritannien, eines in Frankreich, eines in den USA, zwei in Italien, eines in Japan und zwei in Deutschland.

Der Entwurf

Die deutschen Schlachtschiffskonstruktionen aus der Zeit vor 1914 hatten sich als außerordentlich erfolgreich erwiesen, obwohl es nur zu zwei bemerkenswerten Schlachten zwischen Großkampfschiffen im Ersten Weltkrieg gekommen war, an der Doggerbank und vor dem Skagerrak. Die Erfahrungen in der letzteren hatten gezeigt, daß die deutschen Dreadnoughts in der Lage waren, britischem Geschützfeuer zu widerstehen, ihre Geschütze waren gut, die Feuerleitsysteme arbeiteten genau. Die beiden zuletzt fertiggestellten Schiffe waren *Baden* und *Bayern*, und bewaffnet mit 38 cm-Geschützen waren sie die deutsche Antwort auf die britische *Queen Elizabeth*-Klasse.

Nach dem Waffenstillstand nach Scapa Flow verbracht, wurden diese Schiffe von Konstrukteuren der Royal Navy intensiv untersucht. Man war sehr beeindruckt von den Schutzeinrichtungen, nicht nur von der Panzerung, sondern auch von dem System der inneren Unterteilung und der Leckabwehr- und Pumpeneinrichtung. Viele der deutschen Standards wurden später für britische Kriegsschiffe übernommen.

Als dann die Zeit gekommen war, Pläne für Neubauten zu erstellen, war es nur verständlich, daß die deutschen Kriegsschiffkonstrukteure der Nachkriegszeit auf die so erfolgreichen Entwürfe ihrer Vorgänger zurückgriffen. Und so wurden viele Eigenheiten der *Baden*-Klasse übernommen, obwohl die neuen Schiffe für weltumfassende Operationen vorgesehen waren, hingegen die alten Vorgänger vornehmlich für den Bereich der Nordsee konzipiert gewesen waren.

Einer der wichtigsten Unterschiede war die Erhöhung der Antriebsleistung um 260%, um die Geschwindigkeitssteigerung um 7,5 kn zu garantieren. *Baden* hatte für 22,5 kn eine Leistung von 52 800 PS benötigt, *Bismarck* und *Tirpitz* erreichten 30 kn mit 138 000 WPS. Dadurch war der Raumbedarf vergrößert, und die Maschinenräume wurden entsprechend groß ausgelegt, speziell, um die 12 Kessel in sechs Räumen unterzubringen. Dabei wurde einer der Schwachstellen der *Baden* vermieden, die beengten Maschinen- und Kesselräume, die die Durchführung von Reparaturen und normalen Wartungsarbeiten erheblich beeinträchtigt hatten.

Die Schiffsbreite wuchs um 5,8 m auf 35,97 m, und im Bestreben, die Eleganz zu verbessern, als auch wegen der angestrebten hohen Geschwindigkeit vergrößerte sich die Konstruktionswasserlinienlänge um 51,2 m auf insgesamt 214,4 m. Die übermäßige Breite, größer als bei jeder anderen Marine — ausgenommen *Yamato* —, erklärte sich aus der Abhängigkeit von der Tiefe des Nordostsee-Kanals*) und der wichtigsten deutschen Häfen. Die Schiffe brauchten also eine große Breite, um den Tiefgang zu verringern. *Tirpitz* hatte voll ausgerüstet (53 000 ts) nahezu einen Tiefgang von 10,5 m, 30,5 cm mehr als bei der leichteren und schmäleren (12,5%) *King George V*-Klasse. Tatsächlich wurde diese große Breite aus Stabilitätsgründen gewählt, sie verlieh dem Schiff eine hohe Anfangsstabilität, die sich insbesondere dahingehend auswirkte, daß der Schiffswiderstand gegen das Schlingern erheblich dazu beitrug, daß es eine beständige Waffenplattform bildete, sowohl in schwerer See als auch in der Dünung des Atlantiks. Ein wichtiger Fortschritt war die Schaffung eines besonderen inneren Bereiches im Schiff, indem man tiefe Längsschotte einbaute. Somit wurde der Schutz gegen Unterwasserwaffen, wie Torpedos und Kontaktminen, gewährleistet. Die Breite der wasserdichten Räume zwischen dem Kesselraumschott und der Bordwand der *Tirpitz* betrug etwa 5,1 m, so daß diese Abteilungen und flüssigkeitsgefüllten Räume, vorgesehen, die Wirkung von Explosionen aufzufangen, bis zu 28% der Schiffsbreite einnahmen. Im Gegensatz dazu hatte das „Sandwich"-System (Luft/Flüssigkeit/Luft) auf der *King George V*-Klasse nur eine Breite von 4,5 m seitlich der Kesselräume, also 28,5% der Gesamtbreite. Hinzu kam die Schwierigkeit, die Maschinenanlage mit den vier Wellen in einem 31,4 m breiten Schiffskörper unterzubringen. *Tirpitz* hatte nur drei Wellen, und die zwei Kesselräume und der eine Turbinenraum vor jeder Welle waren groß und versprachen eine verbesserte Dampfversorgung und leichtere Wartungsarbeitsbedingungen für das Personal. Im Falle eines Wassereinbruchs konnte jeder Raum aber auch von Hunderten von Tonnen Wasser überflutet werden.

*) Anm. d. Übers.: Vielfach, insbesondere in der ausländischen Literatur, auch als Kaiser-Wilhelm-Kanal bezeichnet, wie er früher hieß.

Bezogen auf die äußeren Kesselräume, wenn ein solcher Wassereinbruch an einer Seite sehr schnell erfolgte, würde sich die Stabilität erheblich verändern, denn das Gewicht, so weit von der Schiffsmitte entfernt, würde sich bedeutend erhöhen. Die Verlängerung des Schiffskörpers, um die große Breite zu kompensieren, brachte weitere Nachteile mit sich. Einer davon war die Verdrängungszunahme, insbesondere durch das zusätzliche Gewicht, das der Deckspanzer und der Gürtelpanzer beanspruchten, die den gesamten Bereich zwischen den vorderen und hinteren 38 cm-Türmen zu schützen hatten. Die Franzosen reduzierten diese Ausdehnung auf etwa 14,3 cm bei *Richelieu*, weil sie alle acht 38 cm-Geschütze in zwei Türmen vor der Brücke postierten und somit im Vergleich zur *Tirpitz* insgesamt 3 000 ts an Gewicht einsparten, deren Maschinenräume und Magazine eine Gesamtlänge von ~ 170 m hatten. Die übrigen Staaten benutzten eine Aufstellung von 9 oder 10 Geschützen in drei Türmen, so daß ihre wichtigen Bereiche vergleichsweise kürzer waren als auf der *Tirpitz*.

Das Verhältnis der Breite zur Länge — in der Wasserlinie — hat eine gewisse Beziehung zur Leistung, die für die vorgegebene Höchstgeschwindigkeit gefordert wird. Die Konstruktionsdaten für *Bismarck* und *Tirpitz* waren 138 000 WPS für 30 kn. Das Verhältnis Länge zur Breite war 6,7 : 1. Die vergleichbaren Werte entsprechender Klassen waren:

	Länge: Breite	Wellenleistung	Maximale Geschwindigkeit
King George V	7,1 : 1	110 000 WPS	28 kn
North Carolina	6,5 : 1	121 000 WPS	28 kn
Richelieu	7,4 : 1	150 000 WPS	30 kn
Littorio	7,0 : 1	130 000 WPS	30 kn
Yamato	6,9 : 1	150 000 WPS	27 kn

Im Falle der ersten vier Schiffe, deren offizielle Probefahrtsverdrängung ähnlich war, wurden Konstruktionsleistung und -geschwindigkeit merklich übertroffen (bei *Richelieu* um 29 000 WPS und 2,5 kn), mit Ausnahme des britischen Schiffes, das es schwer hatte, die Konstruktionsgeschwindigkeit bei erhöhter Leistung zu erreichen. Während der Probefahrten benötigte *Tirpitz* tatsächlich 163 000 WPS, um die maximale Geschwindigkeit von 31,1 kn zu erreichen. Das lag an der relativ stumpfen Schiffsform. Der größte Nachteil lag im großen Brennstoffverbrauch bei hoher Marschgeschwindigkeit, da hierbei zum Vorwärtstreiben relativ mehr Leistung gefordert wurde als bei einem Schiff mit weniger behäbigem Schiffskörper. Bei 16 kn verbrauchte *Tirpitz* für jeweils 1,13 Meilen 1 Tonne Heizöl. *King George V* erzielte mit 1 Tonne Heizöl, 1,77 Meilen, bei gleicher Geschwindigkeit; die relativ schlankere *Richelieu* hingegen legte pro Tonne Heizöl 1,15 Meilen mit 20 kn Fahrt zurück. Trotzdem manövrierte *Tirpitz* die britischen und französischen Schlachtschiffe aus, aber nur, weil sie 4 500 ts Heizöl mehr mit sich führte als *King George V* und 2 200 ts mehr als die *Richelieu*.

Die deutsche Marine war die einzige, die Großkampfschiffe mit drei Wellen baute, eine Konstruktion, die sie bei allen Schlachtschiffen angewandt hat, jedoch nicht bei den Schlachtkreuzern. Weil sich diese Anordnung bewährt hatte, aber auch weil diese Anlage leichter war als eine Vierwellenanlage ähnlicher Leistung, erhielten auch *Bismarck* und *Tirpitz* drei Wellen, und in der Tat war diese Anordnung nur um 100 ts schwerer als die vergleichbare Anlage der *King Georg V*-Klasse, die weniger Leistung abgab.

Unter normalen Umständen, wenn sie voll manövrierfähig und ohne Schaden war, verliehen die drei Propeller und zwei Ruder dem Schiff gute Steuerfähigkeit und See-Eigenschaften, aber ein einzelner Torpedo, der die *Bismarck* traf, zerstörte eine Welle und verklemmte die Ruder. Die ungenügende Verwendungsfähigkeit der unbeschädigten Außenwelle konnte den unerwünschten 15°-Drehkreis zwar gegensteuern, aber das Schlachtschiff war manövrierunfähig geworden und mitten im Atlantik dem kampfstarken Gegner ausgeliefert. Ein Vierwellenschiff wäre möglicherweise in der Lage gewesen, die Kontrolle über das Schiff — nach einem solchen Treffer — zu behalten, und so war die Anordnung der Vortriebsanlage auf *Bismarck* wohl auch der Hauptgrund für ihren Verlust.

Der Schiffskörper war zu mehr als 90% geschweißt, der Gürtelpanzer überwiegend genietet. Um die Panzerung, die für den Gürtelpanzer verwendet wurde, hatte sich im Laufe der Zeit ein Mythos gebildet, und wie ein roter Faden zieht sich die Legende von der Verwendung eines neuen und revolutionären Stahls von einer höheren Widerstandskraft gegen ein Durchschlagen als bei allen anderen Marinen durch die Literatur. In Wahrheit entbehrt das jeder Grundlage. Die Geschichte wurde nur breitgetreten, um um das Schiff eine Art Legende aufzu-

Vergleich der grundlegenden Daten der *Tirpitz* und ihrer Zeitgenossen

Klasse	**Tirpitz**	**King George V**	**Richelieu**	**Littorio**	**North Carolina**
Nation	Deutschland	Groß-britannien	Frankreich	Italien	USA
Haushaltsjahr	1935	1936	1935	1934	1936
Kiellegung	10/36	1/37	10/35	10/35	10/37
Stapellauf	1/39	2/39	1/39	8/37	6/40
Fertigstellung	2/41	10/40	7/40	8/40	8/41
Abmessungen: Länge über alles (m)	250,5	227	248	236,8	222
Breite (m)	36	31,4	32,8	32,9	32,9
Einsatztiefgang (m)	11	10,5	10,7	10,5	10,7
Standardverdrängung (ts)	41 700	36 700	38 500	37 205	38 560
Verdrängung (ts) voll ausgerüstet (1944)	53 500	44 460	47 161	45 963	46 770
Wellenleistung (WPS)	163 000	114 000	179 000	139 561	121 000
Konstruktionsgeschwindigkeit voll ausgerüstet in See (kn)	30	28,25	30	30	27
Maximale Geschwindigkeit in jedem Einsatzzustand (kn)	31,1	29,25	32,5	31,3	26,8
Anzahl der Wellen	3	4	4	4	4
Brennstoffvorrat (ts)	6 350	4 110	6 200	4 450	7 554
Bewaffnung (1944)*): Seeziel (cm)	8-38 12-15	10-35,6 –	8-38 –	9-38 –	9-40,6 –
Mehrzweck (cm)	–	16-13,3	9-15,2	–	20-12,7
Luftziel (cm)	16-10,5	–	12-10	12-9,8	–
Nahbereichsabwehr (mm)	16-37	8-40 64-2 Pdr	56-40	30-37	60-40
Flugzeuge	4 Arado Ar 196 A	2 Walrus	2 Loire 130	3 Ro 43	3 OS 2U-1 3
Schiffsschutz (Schiffskörper):					
Gürtelpanzer, maximal (cm)	32	38	39	35	30
Deckspanzer, gesamt, maximal (cm)	15	18	21	20	13
Besatzung (etwa 1944)	1905 Mann	1628 Mann	1785 Mann	1830 Mann	1980 Mann

*) *Littorios* Daten entsprechen dem Stand von 1943.

bauen. Das Panzermaterial war normaler Kruppstahl und bestand aus sogenannten ‚Wotan'-Platten, lediglich aus einer anderen Legierung mit Nickel und Chrom, typisch für dieses Material, das seit dem Ersten Weltkrieg in ähnlicher Form von allen westlichen Industrieländern hergestellt wurde. Das Einbauschema entsprach dem der *Baden*, mit etwas dickerem Horizontal- und etwas dünnerem Vertikalschutz. Der Seitenpanzer bestand aus zwei Lagen, deren obere vom Backdeck abwärts reichte und eine einheitliche Stärke von 14,5 cm hatte. Der Gürtelpanzer, über zwei Decks reichend und in der Wasserlinie liegend, besaß eine Dicke von 27 cm an der Übergangsstelle zur oberen Lage, verstärkte sich in der Wasserlinie auf 32 cm und verjüngte sich dann bis zur Unterkante wieder auf 17 cm. Die Art der Anordnung und Stärke stimmte nicht überein mit dem vergleichbaren Vorteil des vertikalen Panzers auf anderen europäischen Schlachtschiffen, die alle einen stärkeren Gürtelpanzer besaßen. *Richelieu* hatte einen 22,5 cm-Panzer, an der stärksten Stelle 40 cm, *King George V* einen zwischen 35,6 cm und 38 cm in drei Lagen, deren unterste sich auf 11,4 und 14 cm verjüngte; die Gesamtbreite ihrer Panzerung betrug 7,2 m. Die deutsche obere Lage verlieh nur wenig Schutz gegen schwere Granaten und nur der Gürtelpanzer konnte 38 cm-Granaten, die aus einer Entfernung von 15 500 m geschossen und im normalen Winkel von 90° einfielen, standhalten. In Wirklichkeit würden Granaten, aus dieser Entfernung abgeschossen, niemals unter einem Winkel von 90° einschlagen, und so wie sich der Winkel verkleinerte, vergrößerte sich die effektive Stärke der Panzerung.

Vergleichsdaten für *Scharnhorst*, *Dunkerque* und *Renown* nach Modernisierung

	Scharnhorst	**Dunkerque**	**Renown**
Verdrängung: Standard (ts)	31 800	26 500	32 000
Einsatz (ts)	–	~31 000	36 080
Abmessungen: Länge über alles (m)	226	214	242
Breite, maximal (m)	30	31	30,8
Standardtiefgang (m)	7,5	8,6	8
Maschinenanlage	auf allen Schiffen Getriebeturbinen		
Anzahl der Wellen	3	4	4
Wellenleistung (WPS)	160 000	136 900	120 560
Geschwindigkeit, Probefahrt (kn)	31,5 kn	31,1 kn	30,1 kn
Fahrbereich (Sm:kn)	10 000:19	–	7 500:15
Bewaffnung	3 x 3 – 28 cm	2 x 4 – 33 cm	3 x 2 – 38 cm
	6 x 2 – 15 cm	3 x 4 – 13 cm und 2 x 2 AA	10 x 2 – 11,4 cm
	7 x 2 – 10,5 cm AA	–	–
	8 x 2 – 37 mmAAA	4 x 2 – 37 mmAAA	3 x 8 – 2 Pdr (40 mm)
	10 – 20 mm AAA	32 – 12,7 mmAAA	16 – 12,7 mmAAA
Flugzeuge	4	2	3
Torpedorohre	2 x 3 – 53,3 cm	–	8 – 53,3 cm
Panzerung und Schutzplatten:			
Deck, Gesamt (cm)	17,5	16,5	10,2
Gürtelpanzer, Wasserlinie (cm)	33	22,5	22,8
Gewicht der Panzerplatten (ts)	12 320	–	10 800
Besatzung	1800 Mann	1431 Mann	1200 Mann

Anm. d. Übers.: AA und AAA sind Abkürzungen für Anti Aircraft-Waffen, AA für Flak ab 40 mm Kaliber und AAA für kleinkalibrige Maschinenwaffen

Mit der Verbesserung der Feuerleitanlagen nach dem Kriege eröffnete sich auch die Möglichkeit, auf größere Entfernungen zu schießen. Also galt es, den Geschossen, die ihr Ziel unter einem Winkel von weniger als 20° trafen, und zwar auf dem Deck und nicht an der Seite, mehr Aufmerksamkeit zu schenken, bekannt auch als „plunging fire"*). Im allgemeinen neigten Granaten, die das Deck unter einem Winkel unter 20° trafen, dazu, die Maschinenräume und Magazine zu verfehlen. Aber mit der Möglichkeit eines sicheren Schießens aus Entfernungen von mehr als 22 800 m ergab sich die Wahrscheinlichkeit, einen Winkel bis zu 35° zu erreichen. Damit ergab es sich zwangsläufig, jetzt den Deckspanzer, statt gegen Splitter, gegen Granaten zu verstärken. Glücklicherweise lag der Auftreffwinkel aber so, daß eine 15 cm-Panzerung genügte, einer 882 kg-Granate standzuhalten, die aus einer Entfernung von mehr als 28 000 m geschossen wurde.

Die Fliegerbomben hatten sich zu einer gefährlichen Schiffsbekämpfungswaffe entwickelt, und obgleich ihr Gewicht und die Auftreffgeschwindigkeit unter den Werten der Granaten von 1939 lag, war ihr Auftreffwinkel nahezu senkrecht, und 500 kg-Bomben, die aus einer Höhe von 4 500 m abgeworfen wurden, durchschlugen einen 15,2 cm-Panzer. Die Wahrscheinlichkeit, daß ein solcher Treffer auf ein bewegliches Ziel gelingen konnte, war geringer, als die Piloten glaubten und die Seeleute fürchteten.

1927 erhielt die Royal Navy zwei neue Schlachtschiffe, die erstmals über einen Panzerschutz verfügten, der den „plunging shells"*) widerstand. *Nelson* und *Rodney* erhielten eine „Alles oder Nichts"-Anlage, einen Panzerschutz über den Magazinen und Maschinenräumen, zwei Decks unter dem Backdeck, aber über der Wasserlinie. Der Gürtelpanzer erstreckte sich von diesem Panzerdeck nach unten, während vorne und achtern Panzerquerschotte diesen so gebildeten Kasten abdichteten. Die französische Marine verbesserte dieses

*) Anm. d. Übers.: soviel wie Steilfeuer.

*) Anm. d. Übers.: soviel wie steil einfallende Geschosse.

Schema bei der *Dunkerque*-Klasse, indem sie das Panzerdeck ein Deck höhersetzte und über den Maschinenräumen und den Magazinen zusätzlich noch ein dünnes Panzerdeck einzog, um somit noch irgendwelche Splittergefahr zu bannen. Die nachfolgende *Richelieu*-Klasse erweiterte diese Methode, indem die Stärke des Oberdeckspanzers über den Maschinenräumen von 12,5 cm auf 13 cm wuchs und über den Magazinen und Munitionskammern auf 17 cm erhöht wurde. Die Dicke des unteren Splitterschutzdecks wurde auf 4 cm reduziert. Bei der *King George V*-Klasse setzte die Royal Navy das Panzerdeck in die Ebene des Backdecks, wobei es über den Magazinen 15,2 cm und über den Maschinenräumen 12,7 cm dick war.

Die *Littorio* hatte ein ähnliches Schema, jedoch ein Deck tiefer als auf den britischen und französischen Schiffen, über den Magazinen 15 cm dick und über den Maschinenräumen 10 cm. Außerhalb dieses Bereiches verdünnte sich das Deck auf 9 cm. Diese Art Panzerschutz wurde auch auf der *North Carolina* angewendet, dort waren es 8,8 cm über den Maschinenräumen, er setzte sich dann, auf 10,2 cm verstärkt, nach außen fort, wo er auf die Oberkante des 28,75 cm dicken Gürtelpanzers oberhalb der Wasserlinie traf.

Es war die Anordnung des Horizontalpanzers, der *Tirpitz* und *Bismarck* so sehr von ihren Zeitgenossen unterschied (wo sie schlecht abschnitten). Abgesehen von der verbesserten Qualität des Panzermaterials war die einzige Verbesserung gegenüber der *Baden* das zusätzliche Panzerdeck in der Nähe der Wasserlinie, flach über den Magazinen und Maschinenräumen und bis zu 25° schräg zur Unterkante des Gürtelpanzers abfallend. Der flache Panzer war über den Maschinen- und Kesselräumen 8 cm dick und über den Magazinen 10 cm. Die Böschung hatte eine Stärke von 11 cm und war winkelig angesetzt, um die Panzerdecksebene und den Boden des vertikalen Panzers miteinander zu verbinden, damit sein Schutzeffekt erhöht wurde, der Granaten daran hindern sollte, den Gürtelpanzer in der Nähe der Wasserlinie zu treffen und zu beschädigen. Die Panzerung der deutschen Schlachtschiffe bildete daher eine kastenartige Form, mit einem mittelmäßig dicken Boden, der mit einem Deckel in Form des 5 cm gepanzerten Backdecks versehen war, das sich von den Kettenstoppern vorne bis zum Achterdeck erstreckte. *Tirpitz* war mit diesem Schutzsystem gebaut, das horizontal eine Gesamtstärke von 15 cm und 13 cm besaß, vergleichbar mit der *King George V*-Klasse. Nun ist eine einzelne dicke Panzerschicht schwieriger zu durchdringen als zwei Lagen von gleicher Gesamtstärke, insbesondere, weil die obere Lage dazu neigt, die Geschosse nach unten im steilen Winkel abzulenken, und wodurch sich die effektive Stärke des darunterliegenden Decks reduziert. Das Oberdeck der *Tirpitz* widerstand steil einfallenden 15,2 cm-Granaten, jedoch keinen 227 kg-Halbsprengbomben, die aus einer Höhe von 900 m abgeworfen wurden. Und daher war das Gesamtvolumen des Schiffes über der Wasserlinie, mit Ausnahme der Türme und ihrer Barbetten, durch Granaten und Bomben verwundbar. Obgleich solche Schäden auf See nicht zu einem Verlust des Schiffes führen würden, die meisten der wichtigen Gefechtseinrichtungen, einschließlich der Steuer- und Feuerleitanlagen, befanden sich innerhalb des schlechtgeschützten Bereiches und verteilten sich auf die gesamte Länge des Schiffes. Diese ernste Schwäche in der Konstruktion wurde in zwei Fällen ganz klar bewiesen.

Während des Endkampfes der *Bismarck* mit *Rodney* und *King George V* wurden die meisten Treffer der 35,6 cm- und 40,6 cm-Geschütze zwar auf eine sehr kurze Entfernung erzielt, jedoch nicht unter einem entsprechend steilen Auftreffwinkel, so daß die Dicke des Hauptpanzerdecks ausreichend war. Einige wenige Treffer riefen im frühen Stadium erhebliche Verluste in den BÜ-*), Schiffsführungs- und Feuerleitanlagen hervor. Am Ende des Kampfes war *Bismarck* über der Wasserlinie von vorne bis hinten zusammengeschossen, und es bedurfte lediglich drei Torpedos, sie zu versenken. Drei Jahre später wurde die *Tirpitz* von 14 Bomben getroffen, keine detonierte unterhalb des Panzerdecks, aber sie zerstörten die Anlagen über diesem und riefen hohe Verluste an Personal hervor, und das, obwohl nur fünf Bomben unterhalb des 5 cm dicken Panzerdecks unter dem Oberdeck detonierten.

Die Türme der schweren Artillerie waren wesentlich stärker gepanzert als auf der *King George V*-Klasse. Die Frontplatten waren 36 cm dick im Vergleich zu 32,4 cm, aber die Barbetten unter den Türmen, die ja auch die Munitionsaufzüge schützen, besaßen nur einen Schutz von 22 cm, 8,5 cm weniger als bei der dünnsten Barbettenpanzerung auf der *King George V*-Klasse. Der vorderste und hinterste Turm, ‚Anton' und ‚Dora', standen jeweils in Backdecksebene, so daß die Barbetten ausreichend geschützt wurden durch die 5,5 cm-Deckspanzerung und den oberen 14,5 cm-Gürtelpanzer, aber die Barbetten

*) Anm. d. Übers.: BÜ = Befehlsübermittlung(sanlagen).

der erhöhten Türme, ‚Bruno‘ und ‚Caesar‘, waren 4,6 m über der Backdecksebene aufgestellt.
Das Gesamtgewicht der eingebauten Panzerung (ausgenommen die Türme, der Kommandoturm und die Feuerleitstände) betrug 17 263,8 ts, im Vergleich zu 12 500 ts auf der *King George V*-Klasse, etwa 14 000 ts auf *Richelieu* und 13 453 ts auf *Littorio*.
Die innere Raumaufteilung des Schiffes war umfangreich, obgleich die Hauptabteilungen im einzelnen größer waren als auf der *Baden*. Die umfassende wasserdichte Unterteilung unterhalb des Panzerdecks wurde teilweise durch das Vorhandensein unzähliger Türen in den Querschotts im Plattformdeck, die den ungehinderten Verkehr von einer Abteilung zur anderen gewährleisteten, wieder aufgehoben. Obgleich diese Türme wasserdicht waren, konnten sie jedoch nicht sicher gemacht werden gegen ein Öffnen durch Erschütterungen. Und somit bestand ein echtes Risiko, daß weite Teile des Schiffes bei einem Unterwasserschaden überflutet werden konnten.
Die Hauptbewaffnung bestand aus acht 38 cm-Seezielgeschützen C/34 mit dem Kaliber 47 (47 x 38 = 17,86 m Rohrlänge), die in vier Drehlafetten C/34 gelagert waren. In seinen Eigenschaften war das Geschütz ähnlich dem 38 cm-Geschütz L/50, das 1934 bzw. 1935 in Frankreich bzw. Italien konstruiert worden war. Die längeren Rohre der anderen Geschütze wurden gewählt, um schwerere Granaten mit hoher Mündungsgeschwindigkeit zu verschießen.

	Rohrerhöhung, maximal (°)	Mündungsgeschwindigkeit(H_{V_0}) (m/sek)	Reichweite maximal*) (m)	Geschoßgewicht (kg)
Deutschland 38 cm	30	820	36200	800
Frankreich 38 cm	30	820	35000	884
Italien 38 cm	35	870	42800	885
Großbritannien 35,6 cm	40	754	32900	723

*) Die angegebenen Reichweiten, für die die Geschütze ausgelegt waren, ausgenommen die italienischen 38 cm, sind Angaben ohne Berücksichtigung der Richt- und Schießvorschriften.

Die deutschen Forderungen an die Durchschlagskraft gegen oberflächengehärtete Panzerplatten gingen davon aus, daß die panzerbrechende Qualität der L/4,4-Geschosse akzeptabel war — 35 cm auf 20 100 m bei einem Auftreffwinkel von 20° zur Senkrechten. Das war mehr als die Durchschlagskraft der 1937er Modelle, die von den alten 38 cm-Geschützen der Briten verwendet wurden, und lag völlig über dem Vermögen der neuen 35,6 cm-Geschütze der *King George V*-Klasse. Der einzige Vorteil der Geschütze dieser Klasse lag darin, daß sie etwas schneller schossen (2 Schuß/min. gegen 1,5) und das Breitseitgewicht größer war, so daß bereits nach 6 Minuten Schießen 85 ts Granaten verschossen waren, entgegen *Tirpitz* mit nur 56 ts oder anders, 120 Schuß 35,6 cm entgegen 72 Schuß 38 cm. Allerdings war die Anzahl der verschossenen Granaten nicht so wichtig wie die Zahl der erzielten Treffer, ein Faktor, der abhängig ist von der Zuverlässigkeit und Genauigkeit der Feuerleitanlagen. Obwohl die deutsche optische EMeßausrüstung immer noch allen anderen Marinen überlegen war, als *Bismarck* und *Tirpitz* zum Einsatz kamen, hatte die Royal Navy bereits die Führung in der Verwendung radargesteuerter Feuerleitanlagen übernommen. *Bismarck* wurde im Gefecht vom 27. Mai 1941 mit der 3. Salve von *Rodney* getroffen und die *Scharnhorst* am 26. Dezember 1943 mit der 1. Salve von *Duke of York*. In beiden Fällen wurden die Geschütze mit dem Radar Typ-284 geleitet, einem Gerät, das auf der 50 cm-Wellenlänge arbeitete und in der Lage war, sowohl die Granaten zu erfassen, die auf den Gegner zuflogen bzw. auf das Schiff zukamen, als auch die Aufschläge beim Gegner. Das Funkmeßortungsgerät 25 und 26 (FuMO 25 + 26) Seetakt ‚Gema‘-Radar, das für die schwere Artillerie und Mittelartillerie auf *Tirpitz* in jedes der drei Feuerleitgeräte dieser Waffen eingebaut war, hatte diese Fähigkeiten nicht, speziell weil es auf einer anderen Wellenlänge arbeitete (80 cm) und wegen seiner wesentlich größeren Antennenbreite. Insbesondere lag es aber daran, weil die Deutschen in der Entwicklung dieser Geräte nicht so erfolgreich waren und die Weiterentwicklung auf elektronischem Gebiet aufgrund einer Verfügung von 1939 eingestellt worden war. So kam es, daß die Schlachtschiffe der *King Georg V*-Klasse 1944 eigene Radargeräte für die schwere Artillerie, die Mehrzweckartillerie und für die Nahbereichsabwehrwaffen mit sich führten, außerdem auch für die Navigation und Luftraumüberwachung. *Tirpitz* hingegen besaß immer noch ihre drei ‚Gema‘-Geräte für Überwachungs- und Feuerleitaufgaben. Die deutsche Verwendung der Mittelartillerie als Seezielwaffe war überholt, obwohl die italienische und japanische Marine ihren neuen Schlachtschiffen ebenfalls diese Bewaffnung gaben. Die sechs Zwillingstürme und

ihre Magazine mußten gepanzert werden und beanspruchten zusätzlichen Raum, der ihrer Wirkungskraft in keiner Weise entsprach, weder gegen torpedoschießende Zerstörer oder — wegen des geringen Effekts — gegen Flugzeuge. Die französische Marine entschied sich für eine Mehrzweck-Mittelartillerie, die sowohl als Flak als auch als Seezielwaffe einsetzbar war, die, aufgestellt im hinteren Bereich des Schiffes, zwar nicht gedeckt durch die Türme der schweren Artillerie, aber von einer Anzahl schwerer Flak geschützt wurde. Auf *Tirpitz* bestand die schwere Flabewaffnung aus vier 10,5 cm-Doppellafetten, die an jeder Seite der Aufbauten standen. Die Feuerleitung wurde durchgeführt von vier kardanisch aufgestellten Feuerleitgeräten, die an jeder Seite der Brücke, direkt hinter dem Großmast und vor dem Turm ‚C' aufgestellt waren. Die Geschütze waren Schnellfeuerwaffen und hatten ausgezeichnete Eigenschaften, aber sie besaßen keinen Schutz von oben, und die Bedienungen hatten unter ernsten Verlusten bei Tieffliegerangriffen zu leiden.
Die britische und amerikanische Marineführung entschieden sich für ein Mehrzweckgeschütz, dessen Hauptaufgabe die Luftabwehr war. Während die US-Marine das Zerstörer-Standardgeschütz 12,7 cm L/38 benutzte, führte die Royal Navy das 13,3 cm-Geschütz ein, also ein schwereres Geschütz, als es in den meisten Zerstörern eingebaut war. Die Konsequenz daraus war, daß nur acht Zwillingstürme eingebaut werden konnten statt zehn, wie auf der *North Carolina*. Und das Geschütz schoß auch langsamer, weil die Drehbewegung der Lafette im Verhältnis zum Gewicht zu schwerfällig war (eine Drehung der Türme von Hand war nach einem Ausfall des Antriebssystems bei einem Kampf mit Flugzeugen nicht möglich).
Die ursprüngliche Nahbereichs-Flabewaffnung der *Tirpitz* bestand aus acht 37 mm-Doppel- und sechzehn 20 mm-Einzellafetten. Die 37 mm-Doppellafette war eine Eigentümlichkeit in der Marine und voll stabilisiert gegen Stampfen, Schlingern und Rollen sowie die Wechselwirkung des ersteren. Die 37 mm war ein Standardmodell von Rheinmetall*), das von keiner anderen Waffengattung der Wehrmacht verwendet wurde. Sie besaß eine hohe Feuergeschwindigkeit und verschoß im Kampf 8 Schuß in 3 Sekunden. Das Auswechseln des Magazins dauerte auch nicht länger, so daß es insgesamt eine Schußfolge von 80 Schuß/Min/Rohr besaß. Die maximale Wirkungsreichweite lag bei 5 000 m, aber da diese Geschütze manuell gerichtet wurden, war die effektive Reichweite wesentlich kürzer.
Die sechzehn 20 mm-Rheinmetallgeschütze waren die Standard-Flawaffe — Flak 30 — der Wehrmacht, ein Geschütz mit hoher Feuergeschwindigkeit und einer Reichweite von ~2 750 m, aber einer durch das Wechseln der Magazine bedingten Verzögerung, die die Schußfolge (Nachladen von Hand war möglich) von 280 Schuß/Minute auf 120 Schuß/Minute herabsetzte. Die deutsche 20 mm war den schnellschießenden Oerlikon-Einzellafetten überlegen, die von den Alliierten verwendet wurden, insbesondere wegen der höheren Mündungsgeschwindigkeit. Aber das lag in der Eigentümlichkeit der Lafette, das Rohr war in seiner Wiege starr gelagert und mußte von Hand erhöht und gedreht werden. Die Oerlikon in ihrer Einzellafette wurde vom Geschützführer geführt, der in einem Gurt hing und sehr unter den Geschützvibrationen beim Schießen zu leiden hatte.
Die leichte Flak der *Tirpitz* wurde noch wesentlich verstärkt durch den Einbau zusätzlicher schnellfeuernder Fla 38-Geschütze in Vierlingslafetten, die ebenfalls voll stabilisiert waren und ~200 Schuß/Minute verschossen. Wahrscheinlich erhielt die *Tirpitz* 16 dieser Lafetten, jede in der Lage, über 200 Schuß/Minute abzugeben. Sie wurden auf den Türmen ‚B' und ‚C' aufgestellt, auf zwei der 15 cm-Türme, an jeder Seite des Schornsteins (dort anstelle der Scheinwerfer) und auf jedem verfügbaren Platz um die Aufbauten herum.
Anfang 1944 konnte *Tirpitz* an jeder Seite neun Einzel- und neun Vierlings-20 mm-Lafetten zum Tragen bringen, insgesamt über 8 500 Schuß/Minute. Eine zu jener Zeit ungewöhnliche Waffe (für ein Schlachtschiff) waren die seitlich der hinteren Aufbauten aufgestellten beiden Vierergruppen von Torpedorohren. Mitgeführt wurde ein ganzer Satz Reservetorpedos, insgesamt also sechzehn 53,3 cm-Torpedos G 7a. Sie waren für Ziele gedacht, die sich im Handelskrieg ergaben. Kein anderes modernes Schlachtschiff (einschließlich der *Bismarck*) hatte eine solche Ausrüstung, obgleich viele ältere Einheiten ebenfalls noch damit bewaffnet waren.
Die Flugzeugausrüstung der *Tirpitz* unterschied sich leicht von derjenigen der *Bismarck*. Während letztere an jeder Seite des Schornsteins einen Hangar für ein Flugzeug besaß und einen Doppelhangar am Fuße des Großmastes (insgesamt 4 Flugzeuge konnten untergebracht werden), hatte *Tirpitz* zwei Einzelhangars am Fuße des Großmastes. Dadurch redu-

*) Anm. d. Übers.: Rheinmetall war und ist eine führende deutsche Waffenfirma.

zierte sich der Flugzeugbestand von sechs auf vier. Die Flugzeuge waren vom Typ ‚Arado Ar 196A'. Es waren Schwimmerflugzeuge, vorgesehen für Aufklärungszwecke und auch als Artilleriebeobachter im Flotteneinsatz. Bei einer Flugdauer von vier Stunden besaßen sie eine Reichweite von 320 km. Die Geschwindigkeit in niedriger Flughöhe lag bei 305 km/h. Somit waren sie allgemein schneller als die Katapultflugzeuge der französischen Marine und der Royal Navy und deren früheren Doppeldecker-Torpedobomber. Eingebaut war ein doppelseitiges Querkatapult. Das Flugzeug wurde gestartet, nachdem es mittels eines Karren in den Wind gedreht worden war. Das bedurfte einer Abstimmung des Kurses des Schiffes zur wirklichen Windrichtung. An den Seiten war jeweils ein Flugzeugkran aufgestellt, um das Flugzeug aus dem Wasser an Bord zu hieven, aber auch für das Einsetzen schwerer Beiboote.

Das Gesamtgewicht der Bewaffnung betrug 6 120 ts, ausgenommen die Munition, die weitere 1 480 ts wog. Die Bewaffnung der *King George V* wog 6 567 ts und 834 ts die Munition. Der letztere Wert vergrößerte sich im Verlauf des Krieges, als die Ausrüstung mit Nahbereichswaffen erhöht wurde, um den Forderungen aufgrund gewonnener Erfahrungen nachzukommen. Die Gesamtbewaffnung der *Littorio* hatte ein Gewicht von 6 460 ts, im Vergleich mit *Tirpitz* wog jeweils eines ihrer 38 cm-Geschütze nur 340 ts. Das lag an der Verwendung von Drillingstürmen. Die möglicherweise größte Überraschung war die wirtschaftliche Ausnutzung (bezogen auf das Gewicht) bei der *North Carolina*-Klasse, denn trotz der großen Kampfkraft der drei 40,6 cm-Drillingstürme und ihrer Panzerung, der zehn 12,7 cm-Zwillingstürme und der ursprünglichen Nahbereichsbewaffnung ergab sich nur ein Gewicht von 5 700 ts.*)

Unzweifelhaft, die Standardverdrängung der deutschen Schlachtschiffe lag weit über den 35 000 ts, die nach dem britisch-deutschen Vertrag von 1935 zugestanden worden waren. Die Summe von 41 700 ts lag 19% darüber. Keine spätere Abmachung und kein Zusatzabkommen gaben Deutschland die Legitimation, so zu handeln — im Gegensatz zu dem, was irgendwann und wo auch immer gesagt worden ist. Eine Note Großbritanniens, die Ende 1938 an Deutschland gerichtet wurde und vorschlug, die Begrenzung auf 40 000 ts zu verschieben, wurde abgewiesen, und das aus dem einfachen Grunde: Deutschland wünschte nicht, daß überhaupt irgendetwas begrenzt wurde.

Fairerweise jedoch muß gegenüber Deutschland festgestellt werden, daß keines der 35 000 ts-Schlachtschiffe den Begrenzungen entsprach.

King George V	36 700 ts	≙	5% darüber
North Carolina	36 450 ts	≙	4% darüber
Richelieu	38 500 ts	≙	10% darüber
Littorio	37 205 ts*)	≙	6% darüber

Voll ausgerüstet war *Tirpitz* jedoch die „Größte aller Zeiten". Ihre Einsatzverdrängung war 1944 52 660 ts und wurde lediglich übertroffen von den vier Schlachtschiffen der amerikanischen *Iowa*-Klasse und den beiden japanischen *Yamato* und *Musashi*.

Der Bauauftrag für das Schlachtschiff *G*, den Ersatzbau für den Vor-Dreadnought *Schleswig-Holstein* von 1906, wurde in den ersten Monaten des Jahres 1936 der Marinewerft in Wilhelmshaven erteilt. Der Kiel konnte aber erst gestreckt werden, nachdem die *Scharnhorst* von der dafür vorgesehenen Helling abgelaufen war. Diese lief am 3. Oktober 1936 vom Stapel, und am 24. Oktober erfolgte die Kiellegung von *G*.

Es dauerte noch 29 Monate, bis am 1. April 1939 der Stapellauf erfolgte. Die Taufe vollzog Frau von Hassell, die Enkelin des Großadmirals Alfred von Tirpitz, des Schöpfers der Kaiserlich-deutschen Flotte, der den Kaiser Wilhelm II. in seinem Streben nach Schaffung eines weltbeherrschenden Imperiums und Herausforderung der britischen Seemacht unterstützte. Tirpitz hatte Deutschland eine Großschiffsmarine gegeben, geschaffen für den Kampf auf allen Meeren — und es ist eine Ironie des Schicksals, daß ausgerechnet das Schiff, welches seinen Namen trug, dazu ausersehen war, sich in den Küstengewässern zu verkriechen.

Der Oberbefehlshaber der Kriegsmarine, Erich Raeder, wurde am Tage des Stapellaufs zum Großadmiral befördert (das entspricht einem Generalfeldmarschall), was aus der Sicht Hitlers und seiner Natio-

*) Raven/Roberts, British Battleships of World War Two. London 1976 (Arms and Armour Press), S. 409 ff.
Deutsche Übersetzung u. d. T.: Die britischen Schlachtschiffe des Zweiten Weltkrieges. Übersetzung: Gerhard Koop.
München 1980/81 (Bernard & Graefe Verlag).

*) Giorgerini/Nani, Le Navi di Linea Italiane (Die italienischen Schlachtschiffe), Rom 1962 (Ufficio Storico della Marina Militare), S. 251. (Die angeführte Größe von 41 782 ts ist die Probefahrtverdrängung.)

nalsozialistischen Deutschen Arbeiterpartei einen hohen politischen Wert hatte.
Die Maschinenerprobungen wurden Anfang April 1940 im Bauhafen durchgeführt, aber die *Tirpitz* war noch nicht fertiggestellt. Klar zur Probefahrt war sie erst am 25. Februar 1941, dem Tag ihrer Indienststellung.
Sie verließ Wilhelmshaven mit Kurs nach Kiel, durchfuhr den Nordostseekanal und führte in der Folgezeit ihre Erprobungen in der Ostsee durch. In den weiteren Monaten war Kiel ihr Stützpunkt, aber sie lief auch Gotenhafen und Danzig an. Alle ihre Bewegungen wurden von Agenten, aber auch von den Aufklärungsflugzeugen der RAF*) sorgfältig registriert. Mehrfach versuchte die RAF, sie im Kieler Trockendock zu bombardieren, aber ohne Erfolg.
Die Artillerieerprobungen wurden im Juni 1941 vor Rügen durchgeführt. Die aufgetretenen Störungen wurden im Juli und August im Hafen beseitigt. Erst ab 20. September 1941 gab sie ihre letzten erfolgreichen Schüsse ab. Danach war sie einsatzbereit.

*) Anm. d. Übers.: RAF = Royal Air Force/Königliche (britische) Luftwaffe.

2. Kurs Norwegen

Der Untergang der *Bismarck* am 27. Mai 1941 übte keinen großen Einfluß aus auf die Überzeugung der deutschen Seekriegsleitung (SKL)*), daß einzelne große Überwassereinheiten in der Lage waren, den britischen Geleitzugverkehr im Atlantik ohne großes eigenes Risiko zu stören.
Hitler, als Oberbefehlshaber der deutschen Wehrmacht, befahl jedoch, daß weitere Handelsstörmaßnahmen zu unterbleiben hätten, wenn damit das Risiko des Verlustes eines Großkampfschiffes verbunden sei. Diese Weisung war bindend und beschränkte von Beginn an die Laufbahn der *Tirpitz*, als sie im September 1941 zu ihrer ersten vorsichtigen Unternehmung auslief, und sie währte bis September 1944, als britische Flugzeuge ihre Seefähigkeit zerstörten.
Ungeachtet der Weisung Hitlers, befahl die SKL der *Lützow* im Juni 1941, nach Trondheim zu verlegen. Dort sollte sie sich auf einen Durchbruch in den Atlantik vorbereiten. Sie erreichte Trondheim nicht, denn am 13. Juni wurde sie südlich Lindesnes von ‚Bristol Beaufort'-Flugzeugen der 114. RAF-Staffel torpediert und mußte zur Reparatur nach Kiel zurückkehren. Hitler hatte gegen das Vorhaben gestimmt, und die SKL befand sich in einer schlechten Position, als sie Anfang September vorschlug, die *Tirpitz*, gemeinsam mit dem Schweren Kreuzer *Admiral Hipper*, aus der Ostsee nach Brest zu verlegen. Von dort aus konnten sie erfolgreich gegen den alliierten Schiffsverkehr operieren, ohne das Risiko, erst die Sperren bei den Britischen Inseln und die Minenfelder zwischen den Shetlands und Island durchfahren zu müssen. Anhand einer Kopie des *Bismarck*-Einsatzbefehls wurde dieses Vorhaben von Hitler abgelehnt, der dabei vom Befehlshaber der Schlachtschiffe (BdS), VAdm*) Otto Ciliax, unterstützt wurde. Alle fürchteten eine Wiederholung des *Bismarck*-Desasters mehr als eine beabsichtigte (und vorteilhafte) Konzentration in Brest. Durch den Angriff auf die Sowjetunion am 22. Juni 1941 hatte der Krieg neue Dimensionen angenommen.

Die Ostsee war Kriegsschauplatz geworden, obgleich die deutsche Seeherrschaft dort durch die Sowjetflotte, mit ihrem Hauptstützpunkt in Kronstadt am Ende des Finnbusens, nie in Frage gestellt wurde. Etwa ab Mitte September war die baltische Küste in deutscher Hand und ab Ende des Monats wurde Leningrad eingeschlossen.

Der erste Einsatz der *Tirpitz* erfolgte zwischen dem 26. und 29. September, als sie, begleitet vom Schweren Kreuzer *Admiral Scheer*, von Leichten Kreuzern, Zerstörern, Torpedo- und Minensuchbooten, vor den Aalandinseln auf und ab stand, um einen eventuellen Ausbruch der Sowjetflotte zu verhindern. Die blieb jedoch bis 1944 in ihren Häfen.
Nach diesem Einsatz beschloß die SKL, *Tirpitz* und *Admiral Hipper* nach Norwegen zu verlegen. Dort würden sie eine wertvolle Hilfe für die deutsche Ost-

*) Anm. d. Übers.: im folgenden so angeführt.

*) Anm. d. Übers.: Vizeadmiral

front sein, indem sie die nach Osten fahrenden PQ-Geleitzüge angriffen, die Nachschub von Großbritannien nach Nordrußland brachten. Der erste von insgesamt 40 solcher Geleitzüge war im August 1941 von Island abgefahren und hatte Archangelsk und Murmansk erreicht. Die deutschen schweren Einheiten würden aber auch den Widerstand verstärken, der für den deutschen Küstengeleitverkehr entlang der norwegischen Küste erforderlich war, um sich der Angriffe der Royal Navy zu erwehren.
Hitler stimmte diesem Plan zu, denn seit im März 1941 ein britisches Kommandounternehmen gegen die Lofoten stattgefunden hatte, lebte er in der ständigen Furcht einer Invasion in Norwegen. Norwegen war für Deutschland von außerordentlich wirtschaftlichem und militärischem Wert. Hochwertiges Eisenerz aus dem Gällivaredistrikt in Schweden, das Grundlage für den großen Kriegsbedarf Deutschlands war, konnte das ganze Jahr hindurch von Narvik/Nordnorwegen aus verfrachtet werden. Obwohl der Weg durch die Ostsee kürzer war und völlig frei von britischer Luftbedrohung, der schwedische Hafen Lulea, ebenfalls zum Gällivaredistrikt gehörend, war den ganzen Winter hindurch und bis in das Frühjahr hinein dichtgefroren. Ein weiterer wichtiger Rohstoff war das finnische Nickel, das aus dem hoch im Norden liegenden — und ebenfalls eisfreien Hafen — Petsamo kam (heute zur UdSSR gehörig und Petschenga genannt).
Militärisch galt Norwegen als Sprungbrett für den Angriff auf Nordrußland mit dem Hauptziel des Haupthafens, Murmansk. Die zahllosen Fjorde eigneten sich außerdem als Stützpunkte für die deutschen Kriegsschiffe, die so unter Umgehung der Sperren in der Nordsee und bei den britischen Inseln operieren konnten. Die deutschen Streitkräfte, die Murmansk einnehmen sollten, waren nicht stark genug, und heftige russische Gegenangriffe brachten den Vormarsch innerhalb eines Monats zum Stehen. Das wichtige anglo-russische Verbindungsglied blieb erhalten und Hitler wurde mit der Gefahr einer britischen Landung in Norwegen konfrontiert. Angesichts dieser Besorgnis, die er auf einer Besprechung im Dezember 1941 geäußert hatte ... „Jedes Schiff, das nicht in norwegischen Gewässern ist, befindet sich am falschen Platz ...", weigerte Hitler sich nicht, der Verlegung der *Tirpitz* nach Norwegen zuzustimmen, aber es mußte durch die SkL sichergestellt sein, daß sie ohne Schaden auch dort hinkam.
Am 12. Januar 1942 verließ die *Tirpitz* Kiel, verlegte durch den Nordostsee-Kanal nach Wilhelmshaven, wurde ausgerüstet und lief dort in der Nacht vom 14./15. Januar wieder aus. Am 16. Januar erreichte sie Trondheim. Auf diese Weise umging *Tirpitz* die Passage durch den Großen Belt zwischen Dänemark und Schweden. Die Durchführung der Verlegung erwies sich als vorteilhaft, denn die britische Luftaufklärung erfaßte die *Tirpitz* nicht. Das gelang erst eine Woche später, als sie schon in Trondheim war, ein bemerkenswertes Versagen der Alliierten, denn im gleichen Zeitraum hätte das Schiff auch Brest erreichen können, um sich mit den dort befindlichen Schlachtkreuzern zu vereinigen. In der Tat, es war vorgesehen, daß sich die Schlachtkreuzer mit ihr treffen sollten, und einen Monat nachdem *Tirpitz* Trondheim angelaufen hatte, verließen *Scharnhorst*, *Gneisenau* und der Schwere Kreuzer *Prinz Eugen* Brest und durchbrachen den Englischen Kanal mit Kurs auf Wilhelmshaven. Beide Schlachtkreuzer wurden zwar durch britische Flugzeugminen beschädigt, aber wieder hatte die RAF versäumt, das Unternehmen rechtzeitig zu erfassen.
Am 21. Februar klappte es dann besser, als Aufklärer *Prinz Eugen* und *Admiral Scheer* auf ihrem Kurs nach Norden vor der dänischen Küste sichteten, wie *Tirpitz* zuvor auf dem Weg nach Trondheim. Anstrengungen, den deutschen Verband zu bekämpfen, hatten nur bedingten Erfolg. Torpedobomber der RAF verfehlten die Schiffe, eine Suche von ‚Fairey Albacore'-Torpedobombern des Flugzeugträgers *Victorious* fand zwar im richtigen Gebiet statt, aber das Wetter war zu schlecht. So kam nur das Uboot *Trident* zu einem erfolgreichen Torpedoschuß, der das Ruder der *Prinz Eugen* traf und im Achterschiff erhebliche Schäden hervorrief. Das Einlaufen der *Admiral Scheer* und von fünf unbeschädigten Zerstörern in Trondheim war für die Deutsche Marine eine merkliche Verstärkung. *Tirpitz* selbst war seit ihrem Eintreffen in Trondheim ziemlich untätig gewesen, die ihr als Ubootschutz und für Aufklärungszwecke zugeteilten Zerstörer waren nach Brest verlegt gewesen, um den Heimatkurs der Schlachtkreuzer zu sichern. Dem Schlachtschiff war es somit unmöglich gewesen, gegen den Geleitzug PQ 8 tätig zu werden, und es wurde auch nicht angesetzt gegen die von der deutschen Aufklärung erfaßten Geleitzüge PQ 9, 10 und 11.
Obwohl Hitler befohlen hatte, die Luftwaffe in Norwegen zu verstärken, damit eine lückenlose Seeaufklärung sowie starke Angriffe durchgeführt werden konnten, waren die geforderten Verbände noch nicht eingetroffen; es waren bis dahin nur ein Dutzend Langstreckenaufklärer vorhanden und eine ähnliche Anzahl Fernkampfflugzeuge.

3. Operation „Sportpalast"

Am 12. März 1942 nahmen deutsche Aufklärungsflugzeuge in diesen Gewässern erstmalig Kontakt auf mit dem südlich der Insel Jan Mayen stehenden Geleitzug PQ 12. Er wurde gesichert durch den Leichten Kreuzer *Kenya* und zwei Zerstörer, aber die Fernsicherung bestand aus der Home Fleet mit den Schlachtschiffen *King George V* und *Duke of York*, dem Schlachtkreuzer *Renown*, einem Schweren Kreuzer und dem Flugzeugträger *Victorious*. Dieser Verband kreuzte abgesetzt, etwa 100 Meilen vom Geleitzug entfernt. Erst am 7. März wurde er entdeckt. Inzwischen hatte der Befehlshaber des deutschen Marinegruppenkommandos Nord um Erlaubnis gebeten, *Tirpitz* und *Admiral Scheer* gegen den Geleitzug anzusetzen. Die SKL zauderte, und als die Genehmigung am 6. März erteilt wurde, galt sie nur für *Tirpitz* und drei Zerstörer, weil *Admiral Scheer* zu langsam war, um in einem Verband zu operieren. *Tirpitz*, mit der Flagge des VAdm Ciliax, verließ am 6. März mittags Trondheim zu ihrer ersten offensiven Unternehmung — ‚Operation Sportpalast'.

Zum zweitenmal innerhalb von drei Wochen versäumte es die RAF, ein wichtiges deutsches Überwasserschiff zu erfassen, als es den Hafen verließ. Die übliche tägliche Aufklärungsgruppe stellte das Fehlen der *Tirpitz* nicht fest, und die Nahsicherung des PQ 12 wurde aufgehoben. Glücklicherweise wurden *Tirpitz* und die Zerstörer *Z 25*, *Hermann Schoemann* und *Friedrich Ihn* von den dort stehenden Ubooten *Trident* und *Seawolf* gesichtet, als sie die nördlichen Gewässer von Trondheim am 6. März gegen 1700 Uhr verließen. Keines der Uboote war dicht genug, um einen Angriff zu wagen, sie waren auch nicht in der Lage, das große Schiff zu identifizieren, aber *Seawolf* gab ein alarmierendes Signal an die Admiralität, die die Nachricht an den CinC*) Home Fleet, Adm*) Sir John Tovey, weiterleitete.

Tirpitz fuhr mit nördlichem Kurs, um den PQ 12 abzufangen. Vom Geleitzug waren keine weiteren Sichtmeldungen eingegangen, die ursprüngliche Meldung hatte eine Geschwindigkeit von 2 kn angegeben. Das Wetter war schlecht, Schneeschauer und Nieselregen, so daß sie ihre beiden ‚Arado Ar 196A'-Seeflugzeuge nicht starten konnte, um den Geleitzug zu suchen. VAdm Ciliax detachierte seine drei Zerstörer zur Suche in Nordnordwest, während *Tirpitz* nach Nordwest, hinter der vermuteten Position des Geleitzuges suchte. Das schlechte Wetter verhinderte vermutlich eine Entdeckung der *Tirpitz*, und eine Stunde, nachdem die deutschen Zerstörer weggeschickt worden waren, am 7. März um 1000 Uhr, übernahm *Victorious* die Luftsicherung in einem östlichen Sektor bis zu einer Tiefe von 120 Meilen. Zu dieser Zeit stand *Tirpitz* 110 Meilen ostsüdöstlich der Home Fleet, mit Kurs auf einen vorgesehenen Suchsektor. Die drei Zerstörer standen etwa 25 Meilen nördlich der *Tirpitz* und 95 Meilen südöstlich vom PQ 12. Die starke Eislage führte zu einer Einstellung der Suche, und die Home Fleet drehte ab, um bessere Flugbedingungen zu finden. Gegen Mittag passierten sich die beiden Geleite PQ 12 und der rücklaufende QP 8 in einem Schneesturm, der die Sicht auf weniger als eine Meile minderte. Zwei Stunden später passierte der am weitesten östlich stehende deutsche Zerstörer *Z 25* den Geleitzug QP 8 vor dessen Spitze und in einem Abstand von weniger als 10 Meilen. Beide Seiten nahmen einander nicht wahr. Um 1545 Uhr sichtete *Z 25* Rauch in nördlicher Richtung. Dieser stammte von dem QP 8 abgekommenen russischen Frachter *Ijora*. *Ijora* gab um 1632 Uhr ein Notsignal mit genauer Positionsangabe ab. Es dauerte immerhin noch bis 1715 Uhr, bis *Friedrich Ihn* den Frachter versenkt hatte, das war in dem Moment, als die *Tirpitz* auf der Szene erschien. Das war zugleich die dichteste Berührung mit einem alliierten Überwasserschiff während ihrer gesamten Dienstzeit. Zu dieser Zeit stand sie 75 Meilen Nordwest vom PQ 12, mit der Home Fleet in ca. 150 Meilen im Südwesten. Die deutsche Marine war in völliger Unkenntnis der Anwesenheit der Home Fleet bzw. über den Standort der beiden Geleitzüge, aber die Home Fleet hatte die SOS-Rufe der *Ijora* aufgefangen und die nachfolgenden Funksprüche der deutschen Einheiten dazu. Diese wurden von den Hochfrequenz-Funkpeilern der Flotte erfaßt. Adm Tovey war sich nicht im klaren darüber, ob die Sendefrequenzen von einer schweren deutschen Einheit stammten, und teilte seinen Verband, indem er sechs Zerstörer der 17. Zerstörer-Flottille entließ.

*) Anm. d. Übers.: CinC = Commander-in-Chief/Oberbefehlshaber.
Adm = Admiral

Sie sollten einen Suchstreifen bilden, entlang des direkten Weges von der letzten Positionsmeldung der *Ijora* bis nach Trondheim. Die schweren Einheiten, nur noch mit einem Zerstörer als Sicherung, nahmen Kurs auf die Häreninsel, um dort eine Wartestellung einzunehmen. Die Entscheidung, die Zerstörer zu detachieren, wurde noch untermauert durch eine weitere Funkpeilung, die klarmachte, daß eine gegnerische Einheit mit hoher Fahrt nach Süden lief. Das war tatsächlich der Fall, es war *Friedrich Ihn*, mit Kurs auf Tromsö zur Brennstoffergänzung. *Tirpitz* und die beiden anderen Zerstörer liefen während der Nacht weiter auf östlichem Kurs, um eine vorgesehene Position südöstlich der Bäreninsel einzunehmen, von wo aus sie am folgenden Tag erneut die Suche aufnehmen wollten. Es währte noch bis zum späten Abend des 7. März, bis VAdm Ciliax Kenntnis davon erhielt, daß die Home Fleet in See stand, aber er erhielt keine Angaben darüber, wo sie sich befand. Die ungesicherte Home Fleet drehte um Mitternacht des 7./8. März nach Süden ab. Adm Tovey beabsichtigte nicht, ohne einen Zerstörerschirm in ein Ubooteinsatzgebiet bei der Bäreninsel zu geraten, und er wollte auch die abgeteilten Zerstörer bis zur Morgendämmerung decken. Etwa um 0400 Uhr stand er 80 Meilen westlich der 17. Zerstörer-Flottille, die sich in der Drehung befand und 200 Meilen südwestlich der *Tirpitz* stand. Zur gleichen Zeit entließ das deutsche Schlachtschiff *Z 25* und *Hermann Schoemann* zur Brennstoffergänzung nach Tromsö. PQ 12 befand sich nur 90 Meilen nordwestlich von dieser Position, mit Kurs auf die Eisgrenze westlich der Bäreninsel, nördlich des vorgesehenen Kurses und noch weiter nördlich, als vom Marinegruppenkommando Nord vermutet. Das Ergebnis war, die drei Hauptkontrahenten, *Tirpitz*, PQ 12 und Home Fleet, befanden sich in den folgenden 16 Stunden auf einander völlig unbekannten Positionen. *Tirpitz* fuhr nach Westen und war nie näher als 55 Meilen am Geleitzug, und die Home Fleet steuerte mit 24 kn Island an, um dort einige brennstoffstarke Zerstörer aufzunehmen, bevor sie wieder nordwärts drehte. Dabei wurde Adm Tovey von der Admiralität unterstützt, die vier Kreuzer in zwei Positionen beordert hatte, jeweils 190 Meilen südlich und östlich von Jan Mayen, um dort als ,,Tanker" für die in Island, Scapa Flow, Rosyth und Loch Ewe stationierten Zerstörer zu dienen. Um 1820 Uhr drehte die Home Fleet erneut auf Nordost, Absicht war es, erneut einen Suchstreifen zwischen der Bäreninsel und der norwegischen Küste zu bilden. Erstmalig unterbrach Adm Tovey die Funkstille, um die Admiralität über seine Absichten zu informieren und zu melden, daß er ohne Zerstörersicherung war. Die Meldung wurde vom deutschen B-Dienst*) nicht erfaßt, dafür wurde von den Briten aber vier Minuten zuvor eine Meldung an *Tirpitz* mitgehört. Das Marinegruppenkommando Nord setzte VAdm Ciliax davon in Kenntnis, daß man glaube, der PQ 12 sei zurückgelaufen, da er seit dem 5. März nicht wieder gesichtet worden sei. Diese Meldung brachte die Home Fleet in eine vorteilhafte Lage. Zwei Stunden später, *Tirpitz* lief nach Süden, gab Ciliax einen Spruch ab an die Zerstörer in Tromsö, mit dem ihnen befohlen wurde, einen Treffpunkt vor den Lofoten anzulaufen. Daraus ergab sich eine neue Lage, zeigte sich doch, daß eine deutsche Einheit nach Süden lief. Also nahm in den frühen Morgenstunden des 9. März die Home Fleet Kurs auf die Lofoten. Die Fahrt wurde auf 26 kn erhöht, und es war beabsichtigt, in der Dämmerung des Morgens Suchflugzeuge von der Victorious zu starten. *Victorious* hatte auch an der Jagd nach der *Bismarck* im Mai 1941 teilgenommen, und obwohl ihre Kampfflugzeuge erst drei Tage zuvor an Bord gekommen waren und weder das Schiff noch die Flugzeuge voll einsatzbereit gewesen waren, hatten die ‚Swordfish' der 825. Staffel einen Torpedotreffer erzielt. Nun aber war sie voll einsatzfähig und ihre beiden ‚Albacore'-Staffeln befanden sich seit dem Winter 1941/42 an Bord. Die 817. und 832. Staffel hatten an der nächtlichen Suche nach *Admiral Scheer* im Februar teilgenommen, aber unglücklicherweise ging dabei der Staffelkapitän der 832. Staffel verloren. Hinzu kam, daß der Führer der 817. Staffel, kurz bevor das Schiff zum Schutz des PQ 12 auslief, ausgewechselt wurde. Keiner der beiden Staffelkapitäne hatte bisher Gelegenheit gehabt, einen wirklichen Angriff zu fliegen, und nun schickten sie sich an, einen Angriff auf die *Tirpitz* zu führen. Obwohl die Piloten eine Anzahl Blindangriffe durchgeführt hatten, hatte ein echter Mangel an wirklichen Torpedoangriffen bestanden (Torpedos mit Ballast anstelle von Sprengköpfen), die ein echter Maßstab gewesen wären für den Ernstfall. Die Taktik des Torpedoangriffs war in ihrer Anwendung innerhalb der Royal Navy zu dieser Zeit sehr unterschiedlich. Trotzdem genoß sie seit 10 Jahren einen guten Ruf. Zugegeben, die Marineflugzeuge waren langsam und eigneten sich gut als Ziel für die Artillerie, aber die entwickelten Taktiken brachten auch die schwierigsten Probleme für die Feuerleitung ge-

*) Anm. d. Übers.: B-Dienst, Funk(Peil-)-Beobachtungsdienst

genüber den vorhandenen Flugzeugen mit sich. Aus mittlerer Höhe anfliegend — meistens etwa 1800 bis 2750 m — formierte sich die Angriffsformation vor dem Ziel zum Anflug und stieß stufenweise herab bis zu einer Höhe von etwa 61 m über dem Wasser. Das war etwa eine Meile vor dem Ziel. Der Torpedo wurde dann auf eine Entfernung von 900 m und weniger abgeworfen. Bei einem Angriff von nur drei Flugzeugen konnten die anderen Gruppen die Bewegungen des Zieles verfolgen und so entsprechend darauf reagieren, wenn sie selber angriffen. Die maximale erlaubte Grundgeschwindigkeit, den Torpedo aus einer Höhe von weniger als 61 m abzuwerfen, war 150 kn. Der Torpedo war vom Typ Mark XII (45,7 cm). Diese Geschwindigkeit war kein Faktor, der für eine Überlebenschance zu berücksichtigen war. Er beruhte darauf, daß die gegnerische Feuerleitung immer nur Gelegenheit hat, einzelne Ziele zu erfassen, und wenn das Flugzeug dicht über dem Wasser war, hatte der Pilot Gelegenheit, letzte Korrekturen vorzunehmen.

Die ‚Fairey Albacore' war ein vielfach verwendbarer Torpedo- und Aufklärungsdoppeldecker, 1936 konstruiert und seit Sommer 1940 eingeführt. Im Vergleich zur früheren ‚Swordfish' war es ein weit verbessertes Flugzeug. Man hatte nicht nur die großen Vorteile des 1010 PS-Bristol Taurus-Motors voll ausgenutzt, sondern auch der Flugeigenschaft größte Aufmerksamkeit gewidmet. Die maximale Fluggeschwindigkeit lag bei 155 kn bzw. bei ca. 130 kn mit Torpedoladung.

Um die Geschwindigkeit beim Abtauchen zum Angriff auf die Torpedoabwurfgrenze zu drosseln, benutzte die ‚Albacore' Sturzflugbremsen. Der Pilotensitz befand sich vor den Flügelkanten, der Kopf des Piloten in der Ebene der oberen Tragfläche, so daß er einen guten Überblick beim Angriff und auch bei der Deckslandung hatte. Der Beobachter/Funker/Bordschütze hatte einen geräumigen Sitz hinter den Tragflächen. Beide Sitze waren voll geschlossen. Gewisse Schwierigkeiten hatten sich mit der Installation eines Luft/Seeraumüberwachungsradars in die ‚Albacore' ergeben, und so waren nur knapp ein Dutzend Flugzeuge der *Victorious* damit ausgerüstet. Um 0645 Uhr am 9. März starteten von jeder Staffel drei ‚Albacores'. Der Start erfolgte auf einer Position 170 Meilen nordwestlich zum Eingang in den Vestfjord, der Hauptzufahrt nach Narvik. Sie bildeten einen Suchstreifen, der einen 50°-Sektor von Ost nach Südost abdeckte, eine Gesamtdistanz von 150 Meilen. Die Sicht war sehr gut, nur unterbrochen von einzelnen Schneeschauern, aber die Wolkendecke befand sich in 600 m Höhe und mit einer Vereisung der Verspannung und der Motoren mußte bei jeder Wolkenhöhe gerechnet werden. Der Wind kam in Spitzen von 35 kn aus Nordost und verlieh dem Gegner Wetterschutz, ein Vorteil, der im Zeitalter des Flugzeuges genauso groß war wie zur Zeit der Segelschiffe.

Nachdem die Aufklärungsflugzeuge gestartet waren, wurden 12 ‚Albacores', sieben der 832. und fünf der 817. Staffel, an Deck gefahren und mit Torpedos ausgerüstet. Dieser Verband startete um 0735 Uhr unter Führung von LtCdr W. J. Lucas, RN,*) dem Chef der 832. Staffel. Die ‚Albacores' flogen in südöstlicher Richtung und folgten dem Kurs des Sub-Lieutenant (A) T.T. Miller, RN**), mit seiner T 9215 ‚Albacore F' der 832. Staffel. Als die Suche begann, stand *Tirpitz* 115 Meilen Ostsüdost von der Home Fleet und hatte Kurs auf Trondheim, um 0650 Uhr traf sie mit *Friedrich Ihn* zusammen. Um 0800 Uhr, als sie nur noch 70 Meilen südöstlich der Home Fleet stand, wurde sie von der Besatzung einer ‚4F' gesichtet, und die erste Sichtmeldung wurde um 0803 Uhr abgegeben: „One BS 160°"***):

Weitere Sichtmeldungen kamen später über eine ‚Albacore 4 L', die als Verbindungspunkt zur *Victorious* fungierte, während zwei weitere ‚Albacores H' der 832. und ‚F' der 817. Staffel um 0845 Uhr bzw. 0816 Uhr ebenfalls Fühlungshalteraufgaben übernahmen. *Tirpitz* hatte die ‚4F' um 0815 Uhr gesichtet und VAdm Ciliax war der Überzeugung, daß es nun nur noch eine Frage der Zeit war, bis ein Torpedoangriff erfolgen würde. Daher drehte er bei und nahm Kurs auf den schützenden Vestfjord und Narvik, dessen Einfahrt nur 50 Meilen östlich lag.

Der Angriffsverband hatte die erste Sichtmeldung ebenfalls aufgefangen, genauso wie die späteren Positionsangaben der ‚4F' und ‚5F', und auch den Kurswechsel des Schlachtschiffes um 0832 Uhr. Um 0842 Uhr sichtete LtCdr Lucas die *Tirpitz* auf eine Entfernung von 20 Meilen, und drei Minuten später stieg er mit seinem Verband von 150 m auf eine Höhe von 1050 m. Von dort sollte der Angriff erfolgen. Nachdem sie außerhalb der Radarreichweite auf Sichtweite herangeschlossen waren, befanden sich die ‚Albacores' in den Wolken, dicht bei der *Tirpitz*, wobei sie ihr Radar benutzten, um das Ziel zu erfas-

*) Anm. d. Übers.: LtCdr = Lieutenant-Commander/Korvettenkapitän, RN = Royal Navy

**) Anm. d. Übers.: Sub-Lieutenant = Leutnant zur See.

***) Anm. d. Übers.: Sichtmeldung: „Ein Schlachtschiff in 160°."

sen. Die Wolkendecke und das Radar waren die einzigen Vorteile der ‚Albacores', denn *Tirpitz* fuhr unbeirrt mit 26 kn in den Wind von 36 kn Geschwindigkeit hinein. Die Flugzeuge hingegen flogen mit ihrer besten Marschgeschwindigkeit von 90 kn an, somit hatten sie nur eine Annäherungsgeschwindigkeit von 1/2 Meile pro Minute. Ein weiteres Handicap war die Vereisung. Um dem Verband Freiheit zum Handeln zu geben, befahl Lucas den anderen drei Gruppen, unabhängig voneinander zu verfahren, so daß er mit den drei Gruppen in Wellen angreifen konnte. Inzwischen galt die ganze Aufmerksamkeit der *Tirpitz* der ‚4F', und um 0845 Uhr begann die ‚Ar 196A' den ersten mehrerer vergeblicher Angriffe auf diese Maschine. Die ‚Albacore' verzog sich jedesmal in die Wolken, und nur ein einziges Mal eröffnete der Bordschütze das Feuer mit seinem doppelläufigen Vickers K-MG und glaubte, die ‚Arado' am Leitwerk beschädigt zu haben. Das gleiche Flugzeug traf um 0855 Uhr auf die ‚4H' und verschoß dabei seine letzte Munition auf die X 9138 K der 817. Staffel . Treffer wurden erzielt auf der ‚5K', und der Beobachter, Sub-Lieutenant (A) G. Dunworth, RNVR*), wurde an den Beinen verwundet. Trotz der Verletzung setzte Dunworth seine Navigations-und Fühlungshalteraufgaben fort, bis der Torpedoangriff auf *Tirpitz* vorüber war.
Um 0917 Uhr erspähte der Angriffsverband eine Wolkenlücke. *Tirpitz* befand sich weniger als eine Meile entfernt von der Gruppe Lucas. Sie befand sich an Steuerbord. Die drei anderen Gruppen flogen ebenfalls an der Steuerbordseite des Ziels, denkbar schlecht plaziert, falls *Tirpitz*, um den Torpedos auszuweichen, nach Backbord abdrehte. *Tirpitz* eröffnete das Feuer nicht sofort, aber *Friedrich Ihn* tat es, und Lucas entschied, sofort anzugreifen. Er glaubte, *Tirpitz* zu überraschen, und wußte, daß alles nur verzögert würde, wenn der Angriff von voraus erfolgen sollte. Die Geschützbedienungen würden Zeit haben, ihre Gefechtsstationen einzunehmen und zum Empfang bereit sein. Um 0918 Uhr ging die führende Gruppe (‚4A', ‚4B', ‚4C') zum Angriff über, drehte nach Steuerbord ein und löste um 0920 Uhr und 30 Sekunden drei Torpedos auf den Bb-Bug**) der *Tirpitz*. Die Entfernung beim Abwurf war 1740 m, der Schnittpunkt lag auf dem Kurs der *Tirpitz*. Der dichteste 40 kn-Torpedo kreuzte nach etwa 20 Sekunden in 137 m Entfernung das Kielwasser des Ziels. Die Folge dieser Einzelaktionen in den Wolken war, daß die nächste der von Stb*) anfliegenden Gruppen die 2. der 817. Staffel (‚5M', ‚5H', ‚4G') war. Diese drei Flugzeuge wechselten über zur Bb-Seite des *Tirpitz*-Kurses, um eine mögliche Ausweichbewegung des Schlachtschiffes in dieser Richtung abzufangen. Sie verließ die 2. Gruppe der 832. Staffel und die 1. der 817. Staffel mit einem großen Bogen nach Stb. *Tirpitz* drehte jedoch rechtzeitig nach Bb, und der Gruppenführer unterschätzte die Distanz seiner Torpedos (die Laufzeit, die sie hatten), um den Kurs des Schlachtschiffes noch zu treffen; als Resultat daraus passierten alle drei Torpedos, um 0921 Uhr und 30 Sekunden gelöst, das Heck. Die sechs Flugzeuge der ersten Gruppe entkamen ohne nennenswerte Beschädigungen. Nachdem sie die ersten Angriffswellen überstanden hatte, drehte *Tirpitz* nach Stb zurück und machte dabei einen S-förmigen Schlenker. Die anderen beiden Gruppen hatten sich, dank des Schlenkers, nach vorne setzen können. Gegen 0925 Uhr und 30 Sekunden, als alle sechs ihre Torpedos abwarfen, waren diese ‚Albacores' in einem Fächer von 45° zur *Tirpitz* verteilt. Die Abwurfentfernungen lagen zwischen 1830 und 900 m, obgleich die Deutschen später die Entfernung mit wenigstens 400 m angegeben haben. Ein Torpedo, wahrscheinlich von der ‚5L' ging etwa 9,1 m am Stb-Heck vorbei, alle anderen passierten in klarem Abstand. Begünstigt durch den Wind, beschossen die ‚Albacores' im Abdrehen noch die Brücke und die ungeschützten Flakstände, wobei sie die Kanoniere verwundeten.

Zwei Flugzeuge, die ‚5C' (X 9020)**) der 817. Staffel, Pilot Sub-Lieutenant R. C. Jonas, RNVR, und Beobachter Sivewright, sowie die ‚4P' (T 9210) der 832. Staffel mit Sub-Lieutenant L. Brown und Beobachter Hollowood, waren abgeschossen worden, wahrscheinlich im Augenblick des Torpedoabwurfes.

Mehrere andere Flugzeuge der zweiten Welle wurden leicht beschädigt, erreichten aber die *Victorious* und landeten gegen 1100 Uhr vor der 1. Welle und allen Aufklärern.

*) Anm. d. Übers.: RNVR = Royal Naval Volunteer Reserve/Freiwilligenreserve der Royal Navy.

**) Anm. d. Übers.: Bb = Backbord.

*) Anm. d. Übers.: Stb = Steuerbord.

**) Anm. d. Übers.: Serien-Nummer des Flugzeuges. Bei allen Flugzeugen verschieden. Vergleichbar mit einem Kraftfahrzeugkennzeichen.

Das war die einzige Chance der Torpedobomber der Royal Navy, die *Tirpitz* auf hoher See lahmzulegen. Der Kommandant der *Victorious*, Captain*) H. C. Bovell, RN, tadelte den Verbandsführer, daß er den Angriff zu früh begonnen hatte mit seinen anderen Gruppen, und daß die Angriffe aus ungünstigen Positionen heraus stattgefunden hatten. Lieutenant**) P. G. Sugden, DSC***), RN, hatte die zweite Welle in eine günstige Position geführt und war nahe genug herangekommen, um Chancen für einen Treffer zu haben. Wären alle 12 ,Albacores' so geführt worden, wäre das Entkommen des Schiffes schon schwieriger gewesen. Die übermäßig große Entfernung, in der die Torpedos geworfen wurden, ist nicht nur den Flugzeugbesatzungen anzulasten. Das Abschätzen der Entfernung zu schnellen und beweglichen Zielen, wie Schiffen, kann nur aufgrund von Erfahrungen gelernt werden, und schon seit Monaten hatte es die Royal Navy versäumt, Großkampfschiffe abzustellen, damit an ihnen Zielübungen der Torpedobomber durchgeführt werden konnten.

Nachdem sie die Torpedoangriffe der Staffeln der *Victorious* überstanden hatten, erreichten *Tirpitz* und *Friedrich Ihn* im Laufe des Nachmittags am 9. März Narvik. Wenn Adm Tovey und Captain Bovell auch nicht zufrieden waren mit dem Angriff, die *Tirpitz* war es. Soweit sie es beobachtet hatte, war sie von insgesamt 25 ,Swordfish' angegriffen worden, die jeweils zwei Torpedos abgeworfen hatten. Einige davon hatten ihre erst auf ca. 200 m gelöst. Die Flak hatte insgesamt 345 Schuß 10,5 cm, 4269 Schuß 37 mm und 20 mm verschossen, die MA****) etwa ein Dutzend Schüsse, während die 38 cm zwei volle Breitseiten gezieltes Sperrfeuer und zwei Salven Fernsperrfeuer abgegeben hatte. Drei ,Swordfish' waren abgeschossen und viele beschädigt worden. *Tirpitz* war unbeschädigt entkommen, aber die Erfahrungen dieses Angriffs erschreckten die SKL. Großadmiral Raeder stellte die ursprüngliche Idee dieses Einsatzes in Frage, in dessen Verlauf lediglich ein Einzelfahrer versenkt worden war. Hitler sah das alles wesentlich positiver, jedoch mit der Einschränkung, daß *Tirpitz* nie wieder in dieser Art zum Einsatz kommen sollte, wenn der Standort der Flugzeugträger der Home Fleet nicht eindeutig klar war. Das Schlachtschiff war ein Abschreckungsmittel gegen eine britische Invasion in Norwegen und war als solches eingeplant, und keine Handelskriegsoperation würde seinen Verlust rechtfertigen. Zwei wesentliche Punkte maritimer Strategie entgingen der Aufmerksamkeit Hitlers dabei nicht — die offensive Kampfkraft, die von einem Flugzeugträger ausging und die unbehelligte Ankunft des PQ 12 in nordrussischen Häfen. Um dem britischen Vorteil im ersten Fall zu begegnen, befahl er, die Fertigstellung des Flugzeugträgers *Graf Zeppelin* zu forcieren und den unfertigen Schweren Kreuzer *Seydlitz* sowie das Passagierschiff *Potsdam* zu Flugzeugträgern umzubauen.

Der Bau der *Graf Zeppelin* war 1940 gestoppt worden. Hauptgrund waren die Eifersüchteleien von seiten der Luftwaffe. Dieser ,,Krieg im Kriege'' war eine Erfahrung in allen Marinen im Wettbewerb um eine eigene Luftwaffe. Es war aber auch der entscheidende Punkt, daß der wiederaufgelebte Plan einer deutschen Trägerwaffe fehlschlug.

Die Konsequenz, mit der die PQ-Geleitzüge ihre Aufgabe wahrnahmen, beeinflußte das Kriegsgeschehen an der Ostfront erheblich, und das Problem wurde nun sofort angepackt. Durch die Überführung von zwei neuaufgestellten Torpedobombergeschwadern (KG 26 und KG 30) sowie einer Gruppe ,Fw 200 C'-Fernaufklärer (I/KG 40) wurde die Luftwaffe in Nordnorwegen verstärkt. Die letzteren kamen aus Bordeaux nach Trondheim, und ihr Abzug dort schwächte die Aufklärung im Atlantik. Zugleich wurden Uboote nach Norwegen verlegt. Hitler verlangte einmal sogar, alle Frontboote in diesen Raum zu verlegen. Das wurde aber widerrufen, und die Gesamtzahl der Boote in Norwegen betrug dann 20% der Frontboote.

Tirpitz verließ Narvik am 12. März und erreichte Trondheim am folgenden Abend. In diesem Bereich patrouillierten vier alliierte Uboote und sieben Zerstörer der Home Fleet und suchten in den frühen Stunden des 13. März vor Horten Leuchtfeuer. Wegen des herrschenden schlechten Wetters blieb alles ohne Erfolg. Nachdem *Tirpitz* in Trondheim ihren Brennstoff ergänzt hatte, wurde festgestellt, daß der kurze Einsatz (einschließlich der Zerstörer) insgesamt 8100 ts Heizöl gekostet hatte. Das machte die Vorratslager in Tromsö und Trondheim ziemlich leer. Die deutsche Handelsmarine und auch der Marineunterstützungsverband war nicht gerade gut

*) Anm. d. Übers.: Captain = Kapitän zur See.

**) Anm. d. Übers.: Lieutenant = Kapitänleutnant.

***) Anm. d. Übers.: DSC = Distinguished Service Cross/-Kriegsverdienstkreuz.

****) Anm. d. Übers.: MA = Mittelartillerie.

ausgerüstet mit großen Tankern, die Versorgung der Brennstofflager für die wachsende Zahl der großen Einheiten in Norwegen wurde ein großes Problem. *Tirpitz* allein verbrauchte schon nahezu 1200 ts pro Monat, nur um in einem Fjord zu liegen und Waffenausbildung zu betreiben. Der Brennstoff wurde vom Tanker *Nordmark* übernommen, der wiederum von anderen Tankern versorgt werden mußte, die ihrerseits durch Uboote und Luftangriffe gefährdet waren.

Bis dahin hatte *Tirpitz* unbehelligt — wie im Frieden — auf ihrem Ankerplatz gelegen. Sie lag direkt am steilen Ufer und war geschützt durch Sperren und Torpedonetze und somit ein schwieriges Ziel, hinzu kam das norwegische Wetter, das ihr ebenfalls einen gewissen Schutz bot.

Sieben ‚Short Stirling' der 15. Staffel und neun ‚Handley Page Halifax' der 76. Staffel des RAF-Bomberkommandos versuchten in der Nacht vom 30./31. Januar 1942 einen Angriff, der wegen des schlechten Wetters jedoch ein völliger Fehlschlag war. Zwei Monate später scheiterte ein Angriff von 34 ‚Halifax' an der totalen Vernebelung. Eine ‚Halifax' der 76. Staffel bombardierte die *Tirpitz*, aber die 1818 kg-Bombe mittlerer Sprengkraft und weitere vier 227 kg-Sprengbomben gingen in einiger Entfernung daneben. Sechs ‚Halifax' kehrten nicht zurück. Der Angriff vom 30./31. März 1942 war vorgesehen als Teil des Sicherungssystems für den Geleitzug PQ 13, der zwei Schiffe durch Flugzeuge, zwei durch Uboote und eines durch Zerstörer verlor. Vom PQ 14 ging nur ein Schiff verloren. Das war im April, und der Verursacher war ein Uboot.

Zur gleichen Zeit verlor der QP 10 vier Schiffe durch Flugzeuge und Uboote. Als Ende April PQ 15 und QP 11 auf dem Weg waren, wurde ihre Sicherung verstärkt und die RAF gleichzeitig aufgefordert, offensiv zu werden. Zu dieser Zeit jedoch verfügte das Bomberkommando nur über wenige brauchbare Bomben und entsprechende Flugzeuge, und diese wurden vornehmlich benötigt für die Bombardierung der deutschen Städte und Wohngebiete. Die 226,8 kg- und 113,4 kg-Panzersprengbomben mittlerer Wirkung, die vom Küstenkommando zur Bombardierung von Schiffen verwendet wurden, waren zu leicht für die *Tirpitz*, und mit der 1814,4 kg-„Block-Buster" (Bunkerknacker/Luftmine) verhielt es sich ähnlich. Diese Bombe mit dünner Hülle und ohne Durchschlagskraft würde schon beim Aufprall auf dem Wasser detonieren und hatte keine „Minenwirkung" bei einem Nahtreffer. Da Kriegsschiffe nur durch Wasser fluten versenkt werden konnten, war es erforderlich, eine Art Unterwasserwaffe zu entwickeln.

Im März erhielt die RAF von der Royal Navy etwa 100 Ubootminen des Typs Mark XIX. Diese wurden für den Abwurf von Flugzeugen dahingehend verändert, daß die Gewichte und der Ankermechanismus ausgebaut wurden. Gleichzeitig wurde ein Wasserdruckauslöser installiert, der so eingestellt war, daß er in 9 Meter Tiefe eine 45,45 kg-Ladung Minol zur Zündung brachte. Obwohl die Mine ein Gewicht von 454,4 kg hatte, waren weder die Größe der Sprengladung noch die Detonationstiefe groß genug, bemerkenswerte Schäden herbeizuführen.

Tirpitz lag immer noch, dicht unter Land, im Faettenfjord, als in der Nacht vom 27./28. April 26 ‚Halifax' der 4. Gruppe und 10 ‚Lancaster' der 5. Gruppe des Bomberkommandos in zwei Wellen angriffen. Es war eine klare Mondnacht. Die erste Welle flog in einer Höhe von 1200 bis 1800 m an und warf ihre 1814,4 kg-, 226,8 kg- und 113,4 kg-Bomben auf das Ziel. Es wurden lediglich einige Nahtreffer erzielt. Die zweite Welle, 11 ‚Halifax' der 76. Staffel, warf jeweils vier Minen aus geringer Höhe. Keine detonierte nahe genug, um die *Tirpitz* zu beschädigen. Der Anflug der Bomber wurde durch eine dichte Nebelwand behindert, die das Zielen sehr erschwerte. Andere Ziele im Raum Trondheim wurden ebenfalls angegriffen, und zwar von Flugzeugen, die die *Tirpitz* gar nicht erst gefunden hatten. Vier ‚Halifax' und eine ‚Lancaster' kehrten nicht zurück.

In der folgenden Nacht wiederholten 23 ‚Halifax' und 11 ‚Lancaster' den Angriff. Von diesen griffen 30 die *Tirpitz* und eine die *Prinz Eugen* und die *Admiral Scheer* an. Wieder wurden keine Treffer erzielt auf dem Schlachtschiff, obwohl eine ‚Halifax' glaubte, sie mit einer Mine beschädigt zu haben. Zusätzlich zu den Angriffskräften auf die *Tirpitz* hatte das Bomberkommando einen Verband abgestellt, der die Aufgabe hatte, die Flakabwehr auszuschalten. Es waren 10 ‚Lancaster' und neun ‚Halifax', und dank ihrer Aufmerksamkeit kehrten nur zwei Flugzeuge nicht zurück. Die Deutschen waren von diesen konventionellen Luftangriffen wenig beeindruckt, aber die Verwendung der Minen gab ihnen zu denken. Die Entdeckung einiger Minen an den steilen Fjordwänden und im flachen Wasser des Ufers machte sie glauben, daß sie speziell geworfen worden waren, um unter die *Tirpitz* zu rollen. In Wahrheit hatte diese Absicht nie bestanden, aber von da an wurde der Ankerplatz der *Tirpitz* mit tiefherabreichenden Netzen umgeben, die die Aufgabe hatten, abrollende Sprengladungen, die auf Land geworfen wurden, abzufangen.

4. Operation „Rösselsprung"

Es bestand nicht die Absicht, *Tirpitz* gegen die Geleitzüge PQ 16/QP 12 einzusetzen, die Ende Mai 1942 auf dem Weg waren, obwohl *Admiral Scheer* und *Lützow* ebenfalls einsatzklar bei Narvik lagen. Die Luftwaffe war nicht in der Lage, eine lückenlose Aufklärung zu betreiben. Und die war notwendig zur Überwachung der Bewegungen der Home Fleet, wie Hitler es verlangte.

Die deutschen Luftangriffe auf den Schiffsverkehr waren allerdings heftig. Trotzdem wurden nur sechs Schiffe versenkt und drei beschädigt, und das durch etwa 200 Sturzkampf- und Torpedobomber. Uboote waren für ein siebentes Opfer des PQ 16 und drei des QP 12 verantwortlich.

Mitte Juni 1942 stand genügend Brennstoff in Nordnorwegen zur Verfügung, so daß die SKL in der Lage war, einen allgemeinen Flotteneinsatz gegen den folgenden PQ-Geleitzug zu wagen. Zu dieser Zeit war auch die deutsche Flottenkonzentration in Norwegen beeindruckend; *Tirpitz*, drei Schwere Kreuzer (zwei ehem. ‚Pocket-Battleships' und ein echter Schwerer Kreuzer), ein Leichter Kreuzer und zehn Zerstörer. Außerdem waren auf den Flugplätzen im Gebiet des Nordkaps von seiten der Luftwaffe — für eine spezielle Zusammenarbeit — 160 Kampfflugzeuge und 74 Fernaufklärer stationiert. Unglücklicherweise — für die Deutschen — war der Einsatz der Luftflotte 5 gegen den Geleitzug PQ 16 überbewertet worden, und man glaubte aufgrund der Angriffe des 1. Tages, alle 35 Schiffe versenkt zu haben. Diese irrtümliche Annahme scheint ein Ergebnis der Unerfahrenheit der Angreifer und Aufklärer gewesen zu sein; hinzu kam die Haltung der Luftwaffenführung, die keine Veranlassung darin sah, mit der Marine zusammenzuarbeiten.

Die Admiralität jedenfalls war überzeugt davon, daß die Zusammenarbeit hervorragend war, und mit der klaren Erkenntnis, daß die Flugzeuge die Geleitzüge im rollenden Einsatz erreichen konnten, wuchs die Nervosität angesichts der Möglichkeit eines koordinierten Angriffs.

Diese Unsicherheit wurde von den britischen und amerikanischen*) Einheiten der Home Fleet nicht in dem gleichen Maße geteilt, auch nicht vom Oberbefehlshaber, der den Wunsch hatte, der deutschen Flotte im Gefecht zu begegnen. PQ 17 verließ Reykjavik am 27. Juni 1942 und wurde erstmals am 1. Juli von Ubooten und Aufklärern gesichtet. QP 13 wurde am folgenden Tag erfaßt. Dieser Geleitzug wurde jedoch der Luftwaffe überlassen. Die Kriegsschiffe sollten alle wichtigeren, nach Osten fahrenden Schiffe angreifen.

Operation ‚Rösselsprung' begann am 2. Juli, als die SKL dem jetzigen Flottenchef, Adm Schniewind, den Befehl erteilte, die Einheiten für einen Einsatz zu versammeln. Hitler hatte der Operation zugestimmt, jedoch mit der Auflage, die Flugzeugträger der Home Fleet müßten erst gefunden werden, vorher dürfe die deutsche Flotte nicht zum Angriff auf den Geleitzug auslaufen.

Lützow, *Admiral Scheer* und sechs Zerstörer verlegten von Narvik in den Altafjord. *Tirpitz*, *Admiral Hipper* und vier Zerstörer verließen Trondheim, um bei den Lofoten zu ankern. Das alles geschah, ohne daß die britische Luftaufklärung es bemerkte. Beide Gebiete waren völlig bewölkt. Diese ersten Maßnahmen verliefen jedoch nicht ohne Ausfälle, *Lützow* hatte Grundberührung, als sie am 2. Juli den Ofotfjord verließ und drei von den Begleitzerstörern der

*) Anm. d. Übers.: Zu dieser Zeit waren amerikanische Einheiten der Home Fleet als Verstärkung zugeteilt.

Tirpitz liefen ebenfalls beim Einlaufen in den Gimsöystraumen auf Grund. Das war am 3. Juli. So blieb nur *Friedrich Ihn* übrig, zu dem später *Richard Beitzen* stieß. Am Nachmittag des 3. Juli stellten Aufklärer fest, daß die *Tirpitz* und *Admiral Hipper* Trondheim verlassen hatten, aber das fortgesetzt schlechte Wetter im Raum Narvik und Lofoten verhinderte ihre Standortbestimmung, und man erkannte nicht, daß *Admiral Scheer* und sechs Zerstörer verschwunden waren. Immerhin, wenn auch die Luftaufklärung nicht in der Lage war, Ergebnisse zu erzielen, in dem Gebiet zwischen dem Geleitzug und Nordnorwegen befand sich eine dreifache Ubootsicherung, die aus 13 russischen, britischen und französischen*) Ubooten bestand.

In der Nacht vom 3./4. Juli verließ die *Tirpitz*-Gruppe den Altafjord, wieder einmal unerkannt.

Den Deutschen war bekannt, daß die Home Fleet mit *Duke of York*, USS *Washington*, *Victorious* und zwei Kreuzern zwischen Jan Mayen und der Bäreninsel stand. Adm Toveys Absicht war, den PQ 17 aus einer Position 200 Meilen Nordwest von der Bäreninsel zu decken, so daß die ‚Albacores' der *Victorious* klar waren, falls die Deutschen über Wasser angreifen wollten.

Der erste große Angriff der Luftwaffe fand am 4. Juli statt, drei Schiffe wurden durch Torpedos versenkt, ein weiteres beschädigt. Am späten Abend, als der letzte Angriff vorüber war, befand sich PQ 17 300 Meilen nördlich vom Nordkap, immer noch in guter Ordnung, bis Archangelsk fehlten noch 900 Meilen. In Sichtweite befanden sich zwei britische, zwei amerikanische Schwere Kreuzer und drei Zerstörer. Die Kreuzer sollten im Laufe der Nacht nach Westen abdrehen. Der Ubootstreifen war auf eine neue Linie im Nordosten des Nordkaps zurückverlegt worden, aber es gab keine Sichtmeldungen der russischen Uboote, die den Weg nach Tromsö und in den Altafjord zu beobachten hatten. Am 4. Juli waren vom in der Nähe Archangelsk gelegenen Lachtasee sechs ‚Consolidated PBY 5 Catalinas' der 210. und 240. RAF-Staffel gestartet zur Aufklärung über dem Gebiet zwischen Nordkap und PQ 17. Die Suche blieb ohne Erfolg. Die einzig bekannte Nachricht war, daß *Admiral Scheer* Narvik verlassen hatte, eine Feststellung, die erst 48 Stunden später getroffen wurde.

*) Anm. d. Übers.: Diese gehörten zu den frei-französischen Verbänden, die unter Führung von de Gaulle auf seiten der Alliierten kämpften.

1000 Meilen entfernt, in London, berief der 1. Seelord, Adm Sir Dudley Pound, eine Stabssitzung ein. Er hatte keine sichere Information über den Standort der deutschen Einheiten, dafür aber um so mehr schlechte Nachrichten: *Tirpitz* und die ‚Pocket-Battleships' befanden sich nicht mehr am üblichen Ankerplatz. Weit entfernt vom Schauplatz des Geschehens, sah er sich nicht in der Lage, dem CinC Home Fleet klare Weisungen zu erteilen, aus denen dieser seine Entscheidungen nach eigenem Ermessen treffen konnte, aber er war auch nicht gewillt, die Kontrolle über die Lage zu verlieren, die hauptsächlich in seinen eigenen Befürchtungen existierte. In der Annahme, daß die deutschen Überwasserstreitkräfte den Geleitzug angreifen, ihn und die als Nahsicherung fahrenden Schweren Kreuzer — in einer vermuteten Zeit nach 0200 Uhr am 5. Juli — zerstören könnten, gab Pound dem Verbandsführer der Kreuzer den Befehl, mit hoher Fahrt nach Westen abzulaufen (2111/4)*). Des weiteren wies er den Geleitzug an, sich aufzulösen, und daß die Schiffe selbständig russische Häfen anlaufen sollten. Das bedeutete, die Schiffe würden nicht mehr in einer Geleitzugformation fahren, aber trotzdem auf dem gleichen Kurs bleiben. Die Bedingungen blieben also die gleichen, nur daß sich jetzt unterschiedliche Geschwindigkeiten zwischen den einzelnen Schiffen ergaben. Obgleich diese Maßnahme viel gefährlicher für den Geleitzug und seine Verteidigung war, würden die Schiffe noch für mehrere Stunden ziemlich zusammenbleiben, und der Kurs konnte durch die verbliebenen Geleitfahrzeuge überwacht werden. Aber Adm Pound hatte nicht die Absicht, den Geleitzug nur aufzulösen, was ja immer noch eine gefährliche Lage war, falls schwere Einheiten angriffen. Daher gab er um 2136 Uhr die Order, daß sich der Geleitzug völlig zu zerstreuen habe. Das bedeutete, die Schiffe sollten in verschiedenen Richtungen ablaufen. Das Zerstreuen würde die Verluste durch Überwasserschiffe verringern, machte aber einen Schutz unmöglich.

PQ 17 zerstreute sich am 4. Juli um 2215 Uhr ordnungsgemäß, als er 800 Meilen von Archangelsk und 360 Meilen vom Altafjord entfernt stand. Dort befand sich immer noch die *Tirpitz*, die ihren ersten Erfolg schon dadurch erzielt hatte, daß sie einfach nur den Ankerplatz wechselte.

*) Anm. d. Übers.: Daytimegroup/Tag-Zeitgruppe = 2111/4 = 21 Uhr 11 Minuten am 4. des Monats (Juli).

Am 5. Juli wurden sechs Handelsschiffe durch Bomben versenkt und sechs weitere durch Uboote. Hitler stimmte schließlich der Operation „Rösselsprung" zu. Sie sollte am Vormittag beginnen, nachdem bekannt geworden war, daß die Home Fleet sich etwa 190 Meilen nordwestlich der Bäreninsel befand. Der deutsche Flottenverband erhielt um 1137 Uhr den Befehl, den Altafjord zu verlassen, was im Laufe des Nachmittags dann auch geschah.

Sobald *Tirpitz*, *Admiral Scheer* und *Admiral Hipper* die offene See erreicht hatten, kam die küstennahe alliierte Sicherung zum Tragen. Um 1700 Uhr meldete ein russisches Uboot den Verband und griff die *Tirpitz* an, etwa 45 Meilen nordwestlich des Nordkaps. Zwei Torpedotreffer wurden von *K 21* gemeldet aber keiner wurde erkannt, geschweige denn von den Deutschen bemerkt, diese hatten nicht einmal den Angriff selbst bemerkt. Um 1816 Uhr, eine Stunde nachdem *K 21* die Sichtmeldung abgegeben hatte, sichtete eine ‚Catalina' von Grasnaja/Archangelsk die *Tirpitz* Nordost vom Nordkap und meldete dies. Schließlich sichtete das britische Uboot *P 54* (später umbenannt in *Unshaken*) Rauch. Eine Stunde später, um 1929 Uhr, wurden *Tirpitz*, *Admiral Hipper* und sechs Zerstörer 55 Meilen Ostnordost vom Nordkap von Flugzeugen gemeldet. Aufgrund des zu nahen Aufschließens über Wasser wurde *P 54* von Flugzeugen unter Wasser gedrückt und konnte nicht näher als 10 Meilen an den Gegner herankommen, aber seine Meldungen waren von unschätzbarem Wert.

Der deutsche B-Dienst hatte die Sichtmeldungen erfaßt, und die SKL vermutete aufgrund dieser Meldungen, die Home Fleet und ihre Flugzeugträger könnten sich dem Nordkap soweit nähern, daß sie anschließend in der Lage waren, die rücklaufenden Einheiten abzufangen, falls die Operation fortgesetzt würde. Die Frage, die starke Luftflotte 5 um Unterstützung zu bitten, stellte sich nicht. Es war besser, daß sich die ‚Ju 88' und ‚He 111' weiter mit dem zerstreuten Geleitzug befaßten und sich die Flotte keinem Risiko aussetzte.

Um 2132 Uhr erreichte Adm Schniewind der Befehl, Operation „Rösselsprung" abzubrechen und in den Altafjord zurückzukehren. Der Befehl wurde ausgeführt, und die deutsche Flotte nahm Kurs auf die Bogenbucht bei Narvik. Das war am 7. Juli. Bei der Rückfahrt wurde sie von einer ‚Catalina' der RAF aus Valuga/Murmansk gesichtet.

Als der 5. Juli sich seinem Ende zuneigte, hatte PQ 17 fünfzehn Schiffe verloren. Am 28. Juli, als die letzten übriggebliebenen elf Schiffe Molotovsk erreichten, waren weitere vier Handelsschiffe und ein Marinetanker den Bomben sowie vier weitere Schiffe Ubooten zum Opfer gefallen. Zwei Schiffe hatten sicher Island erreicht. Die Luftwaffe, die den Löwenanteil an diesem Erfolg gehabt hatte, glaubte, daß die Zerstreuung des Geleitzuges aufgrund ihres letzten Torpedoangriffs vom 4. Juli erfolgte. Aber die Flugzeuge waren lediglich die Nutznießer des Sieges, der sich aus der großen Furcht vor einem Angriff der *Tirpitz* abgeleitet hatte.

5. Die versteckte Drohung

Die nächste ostgehende Geleitzugoperation sollte am 16. Juli 1942 beginnen, und *Tirpitz* wurde zwischen dem 18. und 21. des Monats einsatzklar gemacht. Ein ähnlicher Alarm erfolgte zwischen dem 7. und 15. August. Aber PQ 18 verzögerte sich, weil die Home Fleet dringend benötigt wurde für einen Geleitzug, der Mitte August nach Malta ging.

Tirpitz hatte nunmehr seit über einem Jahr nicht mehr gedockt, und weil es auch sonst an dringenden Überholungen mangelte, wurde die Zahl der auftretenden Störungen an den Geschützen und Feuerleitanlagen, den Kesseln und Hauptturbinen sowie den verschiedenen elektrischen Anlagen langsam besorgniserregend. Alles erforderte einer gründlichen Instandsetzung, wenn die volle Gefechtsbereitschaft erhalten bleiben sollte. Aber angesichts des Kommandantenwechsels, Kapitän zur See Topp wurde abgelöst, wollte Hitler einer Verlegung nach Deutschland nicht zustimmen, aber auch nicht, weil er immer noch eine alliierte Landung in Norwegen für möglich hielt. Während die Überlegungen zwischen der Heimat und Norwegen hin und her gingen, lief in den ersten Septembertagen der PQ 18 von Island aus und nahm Kurs auf Rußland. Die Nahsicherung des Geleitzuges war stärker, und außer dem Geleitträger *Avenger*, speziell für den Jagdschutz, gehörten auch zwei Schlachtschiffe der Home Fleet dazu, aber keine Flottenträger. Um den Mangel an Torpedobombern auszugleichen, verlegten 32 ‚Handley Page Hampden'-Torpedobomber der 144. RAF-Staffel und der 445. RAAF*)-Staffel nach Vaenga bei Murmansk. Von diesen trafen 23 Stück am 4. September dort ein. Verstärkung für die Fernaufklärung im russischen Kommandobereich wurde in Form von 14 ‚Catalinas' der 210. RAF-Staffel und 422. RCAF**)-Staffel gestellt, während vier mit Kameras ausgerüstete Aufklärer des Typs ‚Spitfire Mark VII' der 541. Staffel alle Bewegungen der deutschen Schiffe im Gebiet von Narvik beobachteten.

Falls sich die deutschen Schiffe auf einen Einsatz gegen PQ 18 vorbereiteten, mußten sie aus der Bogenbucht in den Altafjord verlegen, und das sollte von vier alliierten Ubooten gemeldet werden, die sich dort befanden. *Tirpitz* hätte mit Sicherheit nicht zu einem solchen Verband gehört, auch nicht, wenn sie voll einsatzklar gewesen wäre. Das basierte auf der Weisung Hitlers und auch der Befürchtungen Großadmiral Raeders, daß das Risiko zu groß wäre.
PQ 18 wurde von Flugzeugen und Ubooten angegriffen. Diese Angriffe fanden zwischen dem Morgen des 13. und dem Nachmittag des 15. September statt und nochmals am Vormittag des 18. September. Zehn Schiffe wurden durch Torpedobomber und drei durch Uboote versenkt. Dabei gingen 33 der 92 in Norwegen stationierten Torpedobomber, sowie acht weitere Flugzeuge und drei Uboote verloren. Uboote versenkten auch sechs Schiffe aus QP 14, der sich auf dem Rückweg befand, als PQ 18 auslief.

So wurden aus dem Geleitzug von 54 Handelsschiffen 16 Fahrzeuge versenkt (die übrigen waren Marinefahrzeuge). Das war zugleich die letzte große Luftoffensive gegen Nordrußlandgeleite. Das sichere Einlaufen von 26 Frachtern in Rußland bewies, daß die Royal Navy nicht noch einmal auf eine zufällige Bedrohung hereinfallen würde.

*) Anm. d. Übers.: RAAF = Royal Australian Air Force/Königlich Australische Luftwaffe.
**) Anm. d. Übers.: RCAF = Royal Canadian Air Force/Königlich Kanadische Luftwaffe.

Bis Mitte Dezember 1942 fuhren keine weiteren Geleitzüge mehr nach Osten. Der gesamte Schiffsraum wurde für die anglo-amerikanische Landung in Nordafrika benötigt, die im November stattfand.
Am 23. Oktober verließ *Tirpitz* die Bogenbucht und kehrte nach Trondheim in den Faettenfjord zurück. Dort sollte sie überholt werden.

Reparaturen und Überholungen wurden in Abschnitten durchgeführt, so daß das Schiff niemals völlig einsatzunfähig war. Trotz der provisorischen Einrichtungen und der weiten Entfernung der Stützpunkte und deren Fachpersonal wurden überraschend viele der notwendigen Arbeiten durchgeführt. Während dieser Zeit fand ein überraschender Angriff auf die *Tirpitz* statt, durchgeführt von einer norwegisch-britischen (Royal Navy-)Gruppe, die dazu ein „organisiertes" Fischerboot, die *Arthur*, benutzte, das von den Shetlands zwei ‚Chariots' (Zweimanntorpedos) nach Norwegen transportierte. Nach Erreichen der Küste vor Trondheim, am 30. Oktober, wurden die ‚Chariots' zu Wasser gelassen und von *Arthur* geschleppt, deren norwegischer Kapitän, Leif Larsen, die deutschen Vorpostenboote mit Hilfe gefälschter Dokumente passierte. In den frühen Morgenstunden des 31. Oktober hatte *Arthur* alle Kontrollen passiert, aber bedingt durch das unruhige Wetter, rissen sich die ‚Chariots' los und versanken. Die vier Norweger und sechs Briten versenkten nun auch *Arthur* und schlugen sich über die Berge nach Schweden durch. In einem Geplänkel mit Grenzwachen wurde ein Brite verwundet und ergab sich. Unter dem Verhör der Gestapo gab er zu, daß er zu einer Gruppe von Unterwassersaboteuren gehört hatte. Aufgrund einer Weisung Hitlers, daß Angehörige von Kommandounternehmen in Norwegen nicht als Soldaten anzusehen seien, wurde er im Januar 1943 hingerichtet.

Diese neue Art eines Unternehmens überraschte die deutsche Marine völlig, und es wurden Maßnahmen ergriffen, die *Tirpitz* mit Schutznetzen zu versehen. Die Unterwasserhorchanlagen wurden aktiviert, die Wachboote mit Wasserbomben ausgerüstet. Die Kontrolle und Überwachung des einheimischen Verkehrs wurde ebenfalls verschärft, obwohl hinsichtlich der Wichtigkeit Trondheims als ein Zentrum des norwegischen Handels und seiner Verwaltung die verstärkte Kontrolle sehr viel Marinepersonal erforderte. Während das Fehlen umfassender Verteidigungsanlagen bemängelt wurde, stellte das örtliche Marinekommando fest, daß ab Dezember 1942 lediglich 14 einsatzbereite ‚Bf 109 F'-Jäger (von der IV. Gruppe des JG 5) zur Verteidigung der wichtigsten Einheiten der deutschen Marine und des Gebietes um Trondheim zur Verfügung stehen würden. Andererseits gab es auf Seiten der RAF keine genauen Angriffspläne beim Bomberkommando, das vorwiegend damit beschäftigt war, die deutsche Industrie und vor allem die deutschen Städte zu bombardieren.

Nach Abschluß der Überholungen war *Tirpitz* ab 28. Dezember wieder einsatzbereit. Es war nicht gerade die günstigste Zeit, in den Dienst zurückzukehren, denn die letzten Tage des Jahres 1942 waren einige der unglücklichsten für die Kriegsmarine seit Kriegsausbruch.

Der erste, der jetzt wieder ostgehenden Geleitzüge, aus Sicherheitsgründen nun mit JW bezeichnet, bestand aus zwei Gruppen, JW 51A und JW 51B. Die Geleite liefen am 15. und 22. Dezember aus. JW 51A blieb völlig unentdeckt von den Deutschen, aber JW 51B wurde am 30. Dezember südlich der Bäreninsel von einem Uboot entdeckt.
VAdm Kummetz lief sofort aus dem Altafjord aus. Sein Verband bestand aus *Lützow*, *Admiral Hipper* und sechs Zerstörern. Der Geleitschutz des JW 51B bestand aus fünf Geleitzerstörern, zwei Korvetten und einem bewaffneten Trawler. In der Nähe befand sich ein Minensucher, in 50 Meilen Abstand vom Geleit standen zwei Leichte Kreuzer. Die Gefechtsberührung erfolgte kurz vor der Dämmerung am 31. Dezember, 220 Meilen Nordwest von Murmansk, und endete vier Stunden später. Der Geleitzug blieb unbehelligt, der Geleitschutz verlor einen Zerstörer, ein weiterer wurde erheblich beschädigt. Der Angriff auf den Geleitzug hatte keinen Vorteil gebracht und Kummetz' Verband verlor einen Zerstörer. Sein Flaggschiff, *Admiral Hipper*, wurde in Brand geschossen und so beschädigt, daß es nach Deutschland zur Reparatur zurückkehren mußte.
Zweifellos hatten die umfassenden Weisungen Hitlers hinsichtlich der schweren Einheiten Adm Kummetz in seiner Handlungsfreiheit eingeschränkt, aber letzterer hatte eine überwältigende Überlegenheit, die groß genug war, die hohe Moral und den Einsatz der schwachen Sicherung zu zerschlagen. Der volle Umfang dieses Fehlschlages war in den ersten Tagen nicht voll überschaubar. Das war die Folge von mißverständlichen Funksprüchen und anderen Fernmeldeproblemen. Aber die Folge war, daß Hitler am 1. Januar 1943 den ObdM*) Raeder, davon in Kenntnis setzte, daß er dazu neige, alle Kreuzer und Großkampfschiffe der deutschen Flotte außer Dienst zu stellen. Am 6. Januar rief er den ObdM ins OKW**)-Hauptquartier und hielt ihm einen mehr als einstündigen Vortrag über die geschichtliche Bedeutungslosigkeit des Anteils, den die großen deutschen Schiffe in zwei großen Kriegen gespielt hatten, und er faßte zusammen, daß das Personal besser auf den Ubooten zu gebrauchen wäre und für die Geschütze in der Küstenverteidigung.
Raeder bot seinen Rücktritt an, und Hitler lehnte nicht ab. Am 14. Januar reichte Raeder bei Hitler ein Memorandum ein, in dem er ihm die gegenwärtige Seestrategie darlegte, das Prinzip der „Fleet in being", das besagte, daß eine starke und intakte Flotte einen Hafen nicht zu verlassen brauche, um stärkere alliierte Verbände zu stellen, es genüge, diese von anderen Kriegsschauplätzen, wie dem Pazifik oder Indischen Ozean, durch die eigene Anwesenheit fernzuhalten. Diese negative Strategie fiel bei Hitler jedoch auf keinen fruchtbaren Boden. Er befahl Raeder, alle Neubauten und großen Reparaturen zu stoppen und alle Einheiten, die größer als ein Zerstörer waren, nach Deutschland zurückzubeordern.

Am 30. Januar wurde Raeder durch den BdU***), Adm Karl Dönitz, als ObdM abgelöst, und schon am 8. Februar unterbreitete dieser Hitler seine Vorstellungen über die Reduzierung der Flotte. Im Verlauf der folgenden drei Wochen gingen Dönitz dann die Augen über die weiteren seetaktischen Auswirkungen auf, und ab 26. Februar änderte er seine Vorstellungen, als er Hitler einen neuen Plan unterbreitete. Dieses Mal war es das Ziel, die Flotte verstärkt gegen die Rußlandgeleite einzusetzen. Dazu wurde die Verlegung der *Scharnhorst* nach Norwegen notwendig. Hitler ließ sich durch das diplomatische Geschick Dönitz' umstimmen.

Tirpitz, seit dem 24. Januar 1943 wieder voll gefechtsbereit, führte im Gebiet von Trondheim Ausbildungsvorhaben durch, die aufgrund der langen Überholungszeit dringend erforderlich geworden waren. Dies dauerte bis zum 5. März, danach folgte sie dem Befehl, in die Bogenbucht zu verlegen. Dort sollte sie mit *Scharnhorst* und *Lützow* zusammentreffen. Am 11. März lief sie aus und erreichte ihr

*) Anm. d. Übers.: ObdM = Oberbefehlshaber der Marine.
**) Anm. d. Übers.: OKW = Oberkommando der Wehrmacht.
***) Anm. d. Übers.: BdU = Befehlshaber der Uboote.

Ziel in der Nacht vom 12./13. März unentdeckt. Einige Tage später lief dieser „Narvik"-Verband zu Übungen aus, die in See stattfanden, um daran anschließend im Altafjord vor Anker zu gehen. Von dort aus sollte auf die Bewegungen des Geleitzuges JW 54 gewartet werden. Von der Skl trafen neue Weisungen Dönitz' ein, die besagten, daß die Vernichtung eines Geleitzuges absoluten Vorrang habe vor einer Vorbereitung auf eine mögliche Invasion. Man hoffte, daß der neugebildeten Kampfgruppe 1 bei künftigen Einsätzen guter Erfolg beschieden wäre.

Diese Hoffnungen erfüllten sich nicht. Aufgrund dessen, daß die Deutschen ihre größte mögliche Flottenkonzentration in Nordnorwegen zusammengezogen hatten, schlug der CinC der Home Fleet, Adm Sir Bruce Fraser, vor, die Rußlandgeleite einzustellen. Zur gleichen Zeit erlebten die Uboote ihre letzten großen erfolgreichen Operationen im Nordatlantik, und die Admiralität zog ihre Home Fleet-Sicherungskräfte in den Atlantik ab, um die dortigen Sicherungskräfte zu verstärken. JW 54A und B verließen Großbritannien nicht vor Mitte November 1943.

Die deutsche Flotte war somit zur Untätigkeit verurteilt. Obwohl voll gefechtsbereit, blieben ihr nur die Ausbildung und Schießübungen. Hinzu kam das Bemühen, die Moral, so weit von der Heimat entfernt, hochzuhalten. Schließlich, am 6. September 1943, kam es doch zu einer gemeinsamen Operation der *Tirpitz* und *Scharnhorst*. Am 8. September liefen beide unter einem starken Schirm von 10 Zerstörern aus, um die anglo-amerikanische Wetterstation auf Spitzbergen zu zerstören, Operation ‚Sizilien'. Die Station war noch in der Lage, ein Notsignal abzugeben, bevor sie zerstört wurde, aber die Kampfgruppe 1 brauchte nahezu sechs Stunden, um die unbewaffnete Station völlig zu zerstören.*)

Tirpitz feuerte 52 Schuß ihrer 38 cm und 82 Schuß der 15 cm auf die Ziele, die einzigen Schüsse, die ihre Seezielgeschütze je gegen Überwasserziele abgegeben haben.

Die Home Fleet war am 7. September ausgelaufen, nachdem ein Aufklärer die Abwesenheit der beiden großen deutschen Schiffe gemeldet hatte, aber die deutschen Schiffe kehrten unbehelligt am 9. September an ihre Liegeplätze zurück.

*) Anm. d. Übers.: Die Wetterstation war sehr wohl mit bewaffneten Küstenstellungen versehen.
Der Zerstörer *Z 33* erhielt einen Treffer.

6. Operation „Source"

Der Spitzbergeneinsatz alarmierte die Admiralität erheblich. Es gab zwar keine bedeutenden Ziele für die deutschen Streitkräfte, trotzdem wurden jetzt von langer Hand Pläne vorbereitet und in Angriff genommen, die zum Tragen kommen sollten, falls die Anwesenheit im Altafjord länger dauern sollte.

1941 hatte die Admiralität beschlossen, zwei Prototypen eines Kleinst-Ubootes zu fertigen, *X 3* und *X 4*. Diese sollten als Minenleger in Küstengewässern verwendet werden. *X 3* machte ab Anfang 1942 seine Probefahrten, die Eignung dieses Typs mit 15,54 m Länge und 27 ts Tauchverdrängung für Angriffe auf geschützte Ankerplätze wurden schnell erkannt.

Im Mai 1942 erhielt Vickers Armstrong Ltd. einen Auftrag für den Bau von sechs Kleinst-Ubooten, *X 5* bis *X 10*. Alle wurden so ausgerüstet, daß sie Seitenladungen mit sich führen konnten, Container von 2 Tonnen Gewicht, gefüllt mit Amatex-Sprengstoff und so gefertigt, daß sie sich gut an den Bootskörper der Kleinst-Uboote anpaßten.

Das Kleinst-Uboot sollte an den ankernden Gegner heranfahren, seine Ladung lösen und dann den Bereich vor der Detonation wieder verlassen, die mit einem Zeitzünder ausgelöst wurde.

Die Einsatzboote wurden alle Mitte Januar 1943 abgeliefert und man hoffte, daß man sie noch vor dem 9. März gegen die in Trondheim liegende *Tirpitz* zum Einsatz bringen konnte. Nach diesem Tag war das Tageslicht für die erfolgreiche Durchführung zu hell. Es wurde dann aber sehr schnell klar, daß die Besatzungen in der kurzen zur Verfügung stehenden Zeit nicht ausgebildet werden konnten, und der Einsatz wurde bis Mitte September verschoben, wenn die Nächte wieder länger würden. Die Verschiebung war zweifellos nützlich. Nicht nur den Besatzungen wurde eine längere und bessere Ausbildung zuteil, auch die Führungs- und Unterstützungsprobleme wurden besser erkannt. Das wäre bei der ersten Planung nicht möglich gewesen. Am 17. April 1943 wurde die 12. U-Flottille aufgestellt. Zu ihr gehörte ein Depotschiff, die *Bonaventure*, das die Kleinst-Uboote zur Reparatur an Bord nehmen konnte.

Auf dem Schiff konnten auch die Ladungen vorbereitet werden, es war in der Lage, echte Unterstützung zu gewähren. *Bonaventure* und die Flottille verlegten nach Loch Cairnbawn in der einsamen Nordwestecke Schottlands, und im Juni und Juli übten die Kleinst-Uboote – mit den Großkampfschiffen der Home Fleet als Ziel – das Anlaufen und Anbringen der Ladungen. Am 1. September 1943 waren alle Vorbereitungen abgeschlossen und sechs (Aufklärungs-)Uboote trafen in Loch Cairnbawn ein, um das Schleppen der Kleinst-Uboote sowie das Übersetzen der Besatzungen zu üben (Die beiden Schleppleinen bestanden aus Nylon – ein früher Gebrauch dieses Materials für diesen Zweck). Wichtig waren nun neue Informationen über den Standort der Schiffe im Altafjord, denn die Fahrtüchtigkeit der Kleinst-Uboote war mehrfach beschränkt, zum Beispiel durch die geringe Unterwassergeschwindigkeit von nur 2 kn. Daher waren exakte Angaben über das Ziel unerläßlich.
Also starteten am 3. September drei ‚Spitfire PR VII‘ der 541. RAF-Staffel. Diese hochfliegenden Aufklärer flogen von Leuchars/Fife nach Vaenga. Zweimal täglich machten sie ihre Einsätze über dem Altafjord. Am folgenden Tag machten ‚Mosquitos‘ der 540. Staffel ebenfalls kurze Flüge zwischen Leuchars und Vaenga. Dabei fotografierten sie alle Ankerplätze in Nordnorwegen, sowohl auf dem Hin- als auch auf dem Rückflug. Bei dieser intensiven Zielsuche überraschte es nicht, daß die Abwesenheit der deutschen Flotteneinheiten am 6. September sofort bemerkt wurde, zur unverständlichen Verwunderung der Admiralität und der 12. Flottille. Daher wurde mit großer Erleichterung zur Kenntnis genommen, daß die Rückkehr in den Altafjord am 9. September ebenfalls sofort gemeldet wurde. Am Nachmittag des 11. September verließen die ersten fünf Kleinst-Uboote Loch Cairnbawn. Die Uboote *Trasher*, *Truculent* und *Stubborn* schleppten *X 5*, *X 6* und *X 7*, die vorgesehen waren, die *Tirpitz* im Kaafjord anzugreifen. *Sea Nymph* und *Syrtis* hatten *X 8* und *X 9* im Schlepp, die *Lützow* und *Scharnhorst* im Langefjord angreifen sollten. *X 10*, das ebenfalls auf *Scharnhorst* angesetzt war, lief wegen der kürzeren Entfernung zum Einsatzort bei der Insel Söröy erst am folgenden Tag aus und wurde von *Sceptre* geschleppt.
Bis Mitternacht des 14./15. September blieb das Wetter gut, und die schleppenden Uboote fuhren über Wasser. Die Kleinst-Uboote befanden sich überwiegend unter Wasser und tauchten nur auf zur Lufterneuerung, etwa alle vier Stunden. In den frühen Morgenstunden des 15. September brach die Schleppverbindung zwischen *Sea Nymph* und *X 8*, ohne daß ersteres es bemerkte. Das treibende Kleinst-Uboot traf auf *Stubborn* und *X 7*, denen die Schleppleine ebenfalls gebrochen war, kam in den ersten Stunden des 16. September erneut vom Kurs ab und wurde wahrscheinlich am späten Nachmittag erneut von *Sea Nymph* ins Schlepp genommen, nach 40 Stunden schrecklicher Einsamkeit.

Etwa zu der Zeit, als *X 8* die unverhoffte Begegnung mit *Stubborn* hatte, taucht *X 9* nach einer Lufterneuerung und ward nie mehr von *Syrtis* gesehen, die über 36 Stunden suchte, nachdem sie festgestellt hatte, daß die Schleppverbindung unterbrochen war. Die Schwierigkeiten von *X 8* waren noch nicht vorüber. Während des Nachmittags des 17. September wurde festgestellt, daß die Seitenladungen leck waren, und beide wurden abgeworfen. Eine detonierte in einer Entfernung von 900 m, aber sie verursachte keine Schäden an *X 8* und *Sea Nymph*. Die andere detonierte in 6400 m Entfernung und beschädigte *X 8* derart, daß es versenkt werden mußte. Auf *Sea Nymph* zerplatzten eine Reihe Gläser der Überwachungsinstrumente. *Trasher*, *Truculent* und *Sceptre* erfreuten sich einer unbehelligten Überfahrt mit ihren Kleinst-Ubooten, und das trotz der aufgewühlten See. Die beiden ersteren trafen am 17. September, *Sceptre* am 19. September und *Stubborn* am 20. September vor der Küste ein. Die Besatzungen, die die Angriffe durchführen sollten, stiegen auf die Kleinst-Uboote über, und die geduldigen Überführungsbesatzungen wechselten über auf die wesentlich geräumigeren Uboote, die die Kleinst-Uboote am frühen Abend des 20. September zum Einsatz im Altafjord entließen.
Die Kommandanten der Kleinst-Uboote hatten sich vorsorglich abgesprochen, daß sie ihre Ladungen am 22. September zwischen 0500 Uhr und 0800 Uhr werfen wollten, und daß keiner am 22. vor 0100 Uhr die Sperre durchbrechen sollte. *X 5*, *X 6*, *X 7* und *X 10* passierten die erste Sperre, ein Minenfeld vor

Söröy, in der Nacht des 20./21. September und ein einzelnes Wachfahrzeug im Stjernsund am 21. September. *X 5* wurde seit dem vergangenen Abend nicht mehr gesehen und von den anderen war nur *X 7* noch ohne Störungen. *X 6* hatte Schwierigkeiten mit dem Sehrohr und *X 10* verschiedene Problembe. Trotzdem befanden sie sich alle in Angriffsposition auf *Tirpitz* und *Scharnhorst*, als sie stoppten, um aufzutauchen und die Luft zu erneuern. Zugleich wurden die Batterien aufgeladen. Alles, was jetzt noch zwischen ihnen und den Zielen lag, waren die Netzsperren. Vor dem Ankerplatz der *Tirpitz* befand sich eine Netzsperre, die sich quer vor der Einfahrt in den Kaafjord – von Ufer zu Ufer – erstreckte, innen befanden sich eine Reihe von Liegeplätzen, die ebenfalls von eigenen Netzen umgeben waren. Das Netz vor dem Kaafjord, 47,25 m tief, wurde ohne Schwierigkeit passiert. Das Kleinst-Uboot benutzte dazu die 400 m breite Durchfahrt, wo das Netz nur 10 m tief war. Die Einfriedung bei Barbrudalen, in der *Tirpitz* lag, war von einem 15,24 m tiefen doppelten Torpedonetz umgeben, an das sich nach unten ein Netz mit größeren Maschen anschloß, das bis auf den Grund reichte. Der einzige Zugang zum Barbrudalen war möglich durch eine 20 m breite Öffnung, wo das Netz eine maximale Tiefe von 33,5 m hatte.

Da die Telefonverbindung nach Land unterbrochen war, wurde in der Nacht vor dem Angriff das Netz offengelassen, und es herrschte ein lebhafter Bootsverkehr zwischen dem Schiff und der Landbefehlsstelle auf dem Bossekop. In Erkenntnis, daß dieser Umstand einem Unterwassergegner zugute kommen könnte, hatte der Kommandant der *Tirpitz* angeordnet, daß die Unterwasserhorchanlage bis zum 22. September 0600 Uhr zu besetzen sei.

Ungeachtet dieser Maßnahmen, ergaben weder die vorhandene Lücke, noch die vorbeugenden Maßnahmen des Schiffes einen Vorteil für dieses oder die anlaufenden Kleinst-Uboote, wahrscheinlich mit Ausnahme von *X 5*. *X 6* unter Lieutenant D. Cameron, RNR*), fuhr um 0705 Uhr durch die Lücke, hatte dabei aber immer noch Schwierigkeiten mit dem gefluteten Sehrohr und lief auf eine Untiefe. Dabei wurde das Boot an der Bb-Seite des Schlachtschiffes entdeckt.

Ernsthaft behindert durch den Ausfall des Sehrohres und der Kreiselanlage, löste Cameron seine Sprengladung im Schatten seines Bootes und versuchte, sie an der Seite in Höhe von Turm ‚B' zu plazieren. *X 6* wurde durch Geschützfeuer versenkt, die vier Mann der Besatzung von einem Motorboot des Schlachtschiffes aufgefischt. *X 7* war gleich zu Beginn in einem Netz verfangen, das zuvor der *Lützow* gedient hatte, und hatte mehr als eine Stunde benötigt, um freizukommen. Lieutenant B. C. G. Place, DSC, RN, folgte dann um etwa 0715 Uhr der Strömung in den Barbrudalen. Place sichtete die *Tirpitz* in etwa 46 m Entfernung und kam an die Oberfläche, nachdem er das Netz passiert hatte. Er legte seine Ladung mit Bedacht, eine unter dem Turm ‚B' nahe Camerons beiden Ladungen, die andere zwischen dem mittleren Maschinenraum und Turm ‚C'. Die folgenden 15 Minuten waren nötig, um wieder aus dem Netz herauszuschlüpfen, jetzt allerdings unter dem Beschuß der Nahbereichswaffen der *Tirpitz*. *X 7* war schwierig zu steuern, der Kreisel war ausgefallen. Place' Versuch, den Bereich zu verlassen, bevor die Ladungen hochgingen, schlug fehl.

Lieutenant Cameron befand sich mit seiner Besatzung mittlerweile an Bord der *Tirpitz*, und die Besatzung des Schlachtschiffes erkannte, daß irgendetwas unter Wasser am Schiffskörper sein müsse oder auf dem Grund darunter (35 bis 40 m), unter dem Kiel. Man war etwas ratlos, wie man am besten einer Beschädigung begegnen könne. Aber da man nicht wußte, ob nicht außerhalb des Barbrudalen weitere, unbekannte Gefahren lauerten, wurde beschlossen, den Schutz des Netzes nicht zu verlassen. Unter dem Schiff wurde ein Kabel von vorn nach achtern durchgezogen, um irgendwelche Ladungen am Schiffskörper zu finden. Um das Schiff vom Untergangsort des *X 6* zu entfernen, wurde der Bug nach Stb gedreht, indem man die Stb-Ankerkette hievte und die Bb-Kette nachließ. Ein Motorboot, ausgerüstet mit Handgranaten, fuhr seit etwa 0715 Uhr das Netz ab. Aber abgesehen von dieser Patrouille und der Feuereröffnung auf jeden fragwürdigen Gegenstand in der Nähe wurde von seiten der *Tirpitz* wenig unternommen, außer, daß der Schottendichtzustand hergestellt wurde.

Lieutenant Place' zweite Ladung detonierte um 0812 Uhr an der Bb-Seite, etwa 6 m seitlich des mittleren Maschinenraumes, unmittelbar danach folgte die andere Ladung, 61 m vor dem Bb-Bug.

Tirpitz schüttelte sich gewaltig, der Großteil der elektrischen Beleuchtung und nahezu alle elektrischen Systeme fielen schlagartig aus. Leere Außenschutzräume an der Bb-Seite, in der Nähe des hinte-

*) Anm. d. Übers.: RNR = Royal Naval Reserve.

ren Explosionsortes, begrenzten das Fluten des DiGenRaumes 2*), einiger Doppelbodenabteilungen und einer Reihe Heizölbunker. Die einsetzende Bb-Schlagseite von 1° wurde sofort durch Gegenfluten im Bb- und mittleren Maschinenraum, der Flak-Rechenstelle und des DiGenRaum 1 bereinigt. Die Fundamente der meisten DiGeneratoren waren gerissen und für einige Zeit gab es nur einen DiGenerator für die benötigte elektrische Energie.

In dem Augenblick, als die Ladungen hochgingen, befand sich *X 7* etwa 100 m entfernt und saß im äußeren Torpedonetz fest. Der Detonationsschock befreite das Boot, aber ließ alle verbliebenen Instrumente ausfallen, so daß diese nicht mehr verwendbar waren. Obgleich Lieutenant Place weiter bemüht war, zu entkommen, durchbrach das Boot die Wasseroberfläche und war damit dem Beschuß von allen Seiten ausgesetzt. Um 0835 Uhr befand sich das Boot etwa 200 m vor dem Stb-Bug der *Tirpitz*, nahe einer Zielboje und der Kommandant beschloß oben zu bleiben, damit die Besatzung das Boot verlassen konnte. Aber gerade als er die Boje betrat, sank *X 7*, und mit ihm die drei anderen Besatzungsmitglieder. Nur einem, Sub-Lieutenant R. Aitken, RNVR**), gelang es um 1115 Uhr mit einem Davis-Tauchretter auszusteigen.

Um 0843 Uhr durchbrach ein weiteres Kleinst-Uboot etwa 320 m vor dem Stb-Bug des Schlachtschiffes die Wasseroberfläche. Die Beschießung mit Nahbereichwaffen und 10,5 cm-Flak setzte sofort ein. Das Boot wurde getroffen und sank, die Untergangsstelle von *Z 27* mit Wasserbomben belegt. Das Boot war vermutlich *X 5*, unter der Führung von Lieutenant H. Henty-Creer, RNVR. Es war zuletzt um Mitternacht am 20. September von *X 6* und *X 7* bei Söröy gesehen worden. Über die nachfolgenden Bewegungen ist nichts bekannt, und es ist möglich, daß Lieutenant Henty-Creer durchgebrochen und aus dem Barbrudalen unentdeckt entkommen ist, aber wie *X 7* dem Detonationsdruck zum Opfer fiel. Für ihren erfolgreichen Angriff auf die *Tirpitz* erhielten die Lieutenants Cameron und Place das Victoriakreuz, alle überlebenden Teilnehmer wurden ebenfalls ausgezeichnet. *X 10*, das die *Scharnhorst* angreifen sollte, wurde durch eine Reihe von Störungen daran gehindert. Der Kreiselkompaß fiel aus und ein Brand des Sehrohrausfahrmotors zwang den Kommandanten, Lieutenant Hudspeth, RANVR*), aufzugeben. Er befand sich zu dieser Zeit etwa 5 Meilen im Kaafjord und löste seine Ladungen 12 Stunden, nachdem er 11 heftige Detonationen zur Zeit des vorgesehenen Angriffs wahrgenommen hatte. Zurückgekehrt zum verabredeten Treffpunkt, wartete *X 10* insgesamt 50 Stunden vor Söröy, bevor es Kontakt mit *Stubborn* aufnahm. Das war um Mitternacht des 27./28. September. Die Rückfahrt war wegen der schweren See sehr schwierig, und in den Abendstunden des 3. Oktober wurde *X 10* von der Besatzung verlassen und versenkt.

Die Bestandsaufnahme auf der *Tirpitz* am Vormittag des 22. September zeigte, daß – obgleich die wasserdichte Unterteilung nur wenig gelitten hatte – die Antriebsturbinen und das Artilleriefeuerleitsystem erheblich beschädigt worden waren. Alle Turbinenunterbauten, Wellenlager, Drucklager und Hilfsmaschinenfundamente waren gerissen oder unklar. Das Gehäuse der Bb-Turbine und das Kondensatorgehäuse waren beschädigt. Die Propeller konnten nicht gedreht werden. Die Bb-Ruderanlage war durch das Fluten über eine undichte Stopfbuchse unklar, der Rudermaschinenraum war abgesoffen. Das kam durch den Schock der Detonation. Alle Türme der schweren Artillerie waren aus ihren Drehkränzen gesprungen, die Drehscheiben, die das volle Gewicht der Türme aufnahmen, aus der Flucht. Aber nur die Türme ‚A' und ‚C', am dichtesten am Detonationsort, waren über mehrere Wochen außer Betrieb. Der achtere 15 cm-Turm Bb III war total verklemmt. Die Hauptartillerieleitstände blieben unbeschädigt, und die einzigen intakten EMeßGeräte waren im Vormars und im Turm ‚B'. Die EMeßGeräte des Kommandoturms und im Turm ‚D' waren total zerstört, die der Mittelartillerie mußten sämtlich ersetzt werden. Beide achteren Flak-Leitgeräte waren beschädigt und nicht einsatzklar. Von den vorderen beiden war nur eines noch voll stabilisiert. Zwei ‚Arado Ar 196As', die an Deck und außerhalb der Hangars gestanden hatten, waren mehrfach beschädigt, das Katapult unbrauchbar. Vom verwundeten Personal starb ein Soldat, 40 mußten ins Lazarett.

Es war klar, ohne Hilfe und ohne das Risiko mit Sicherheit stattfindender alliierter Luft-, Überwasser- und Ubootangriffe konnte *Tirpitz* nicht nach

*) Anm. d. Übers.: DiGen = Dieselgenerator.

**) Anm. d. Übers.: RNVR = Royal Naval Volunteer Reserve/Freiwilligenreserve der Königlichen Marine

*) Anm. d. Übers.: RANVR = Royal Australian Naval Volunteer Reserve/Freiwilligenreserve der Königlich Australischen Marine.

Deutschland zur Reparatur zurückkehren. Eine Luftsicherung in dem Maße wie beim Kanaldurchbruch 1942 war im nördlichen Norwegen einfach nicht möglich. Die Seestreitkräfte, die verfügbar waren für ein Geleit, waren nicht ausreichend gegen die Home Fleet.
Im September stimmte Hitler daher zu, die *Tirpitz* im Altafjord zu reparieren. Die Arbeiten, die durchzuführen waren, erforderten normalerweise die Unterstützung einer voll ausgerüsteten Werft und die Hilfe der Fachleute aus den einzelnen Herstellerfirmen, die die nötige Qualifikation hatten. Für die *Tirpitz* war nichts dergleichen vorhanden. Alle Austausch- und Ersatzteile mußten von Deutschland herangeführt werden, und zwar auf dem Wasserwege. Anschließend wurde es vom Personal des Schiffes selber eingebaut, mit einem Minimum an fremder Hilfe. Ein Docken kam auch nicht in Frage (die deutsche Marine verfügte nur über ein Dock dieser Größe, und es stand außer Frage, dieses für die *Tirpitz* nach Norwegen zu überführen). So wurden die Unterwasserschäden denn durch Taucher beseitigt. Diese dichteten den Schiffsboden mit Zement ab. Die undichte Stopfbuchse am Bd-Ruder wurde mit Hilfe eines Kofferdammes ausgewechselt. Trotz der Schwierigkeiten, die Mehrzahl der Reparaturen war in der ersten Märzhälfte 1944 abgeschlossen, in jeder Hinsicht eine bemerkenswerte Leistung. *Tirpitz* verließ am 15. März den Barbrudalen und führte am folgenden und nachfolgenden Tag Standproben im Hafen durch. Alle Erprobungen der Hauptmaschinen und Waffen wurden im Bereich des Altafjordes abgeschlossen. Störungen, die sich dabei ergaben, wurden in den folgenden zwei Wochen beseitigt, und sie wurde vorbereitet für die Meilenfahrt und die MES-Vermessung.*)

*) Anm. d. Übers.: MES = Mineneigenschutz.

7. Operation „Tungsten"

Die Admiralität hatte natürlich Kenntnis darüber, welche Fortschritte die *Tirpitz* machte, dank der Geschicklichkeit der Fotografen des Erkennungsdienstes, die aus den Bildern die richtigen Schlußfolgerungen zogen.
Seit dem 26. Dezember 1943, dem Tag des Unterganges der *Scharnhorst* am Nordkap nach einem Gefecht, hatte keine deutsche schwere Einheit die JW/RA-Geleite mehr belästigt. Nunmehr war es möglich, Einheiten der Home Fleet für den Fernen Osten abzustellen oder auch in die Werft zu schicken.
Die deutsche Marine war eindrucksvoll davon abgehalten worden, immer wieder einen Angriff mit ihren schweren Einheiten zu versuchen. Tatsächlich war sich auch die SKL nicht schlüssig über eine weitere Verwendung der *Tirpitz*, nachdem die Reparaturen abgeschlossen waren. Aber da die Admiraliät das nicht wußte, wurde beschlossen, sie erneut anzugreifen, diesmal mit Trägerflugzeugen.
Ab Anfang 1944 war die Kampfkraft der Marineflieger der Royal Navy unvergleichlich stärker als 1942. Neue Flugzeugträger und Flugzeuge waren seit 1943 in den Dienst gekommen, so daß für die Operation ‚Tungsten', den geplanten Angriff auf *Tirpitz*, zwei schnelle Flugzeugträger (*Victorious* und *Furious*), drei mit Jägern ausgerüstete Geleitträger (*Emperor*, *Pursuer*, *Searcher*) und ein Geleitträger (*Fencer*) für den Ubootschutz und Jagdschutz zur Verfügung standen. Zusammen führten diese mit sich: 42 ‚Fairey Barracudas' als Sturzkampfbomber, 28 ‚Vought F4U-1 B Corsairs', 20 ‚Grumman F6F-3 Hellcats' und 40 ‚Grumman FM-1 Wildcats', alle als Geleitjäger, sowie 14 ‚Submarine Seafires' und 8 ‚Grumman F 4 F-4 B Wildcats' als Jagdschutz. Außerdem gehörten auch ein Dutzend ‚Swordfish A/S'-Flugzeuge dazu. Die Einsatzplanungen liefen Ende 1943 unter der Leitung des 2. Befehlshabers der Home Fleet, VAdm Sir Henry Moore, an. Sein Stabschef war Captain I. D. Mackintosh, vormals Kommandant der Träger *Eagle* und *Victorious*.
Für den Anflug auf mögliche Ziele wurden unterschiedliche Methoden ausgearbeitet. Desgleichen wurden auch die verschiedenen Angriffstaktiken und die Zusammenstellung der Angriffsmittel sorgfältig untersucht. Durch die Verwendung eines realistischen und nahezu naturgetreuen Modells im Loch

Eriboll war es möglich, eine wirklichkeitsnahe Ausbildung zu betreiben. Das Modell besaß auch eine mit Bojen gekennzeichnete Fläche, die dem Liegeplatz der *Tirpitz* entsprach, Attrappen von Flakstellungen und Nebelanlagen wurden ebenfalls aufgestellt.
Als die Planungen ihren Anfang nahmen, befand sich *Victorious* in der Werft. Die beiden Staffeln (829. und 831.) des 52. TBR*)-Geschwaders hatten noch nicht mit der Verbandsausbildung begonnen, und obgleich eine der beiden Jagdstaffeln (1834.) im Dezember aus den USA eintraf, erreichte die zweite Staffel (1836.) Großbritannien erst Mitte Januar 1944.

Darüber hinaus war die neue Bombe, eine amerikanische 725,5 kg-Panzersprengbombe, noch nicht einsatzklar. Man hoffte, diese würde in der Lage sein, die *Tirpitz* zu beschädigen. Erst ab Dezember 1943 war es soweit, daß sie von den ‚Barracudas' mitgeführt werden konnte, und das auch nur von entsprechend verstärkten Flugzeugen.
Von den anderen Trägern waren nur *Searcher* und *Emperor* noch nicht im Einsatz gewesen, und *Furious* hatte mit ihrer 827. und 830. Staffel des 8. TBR-Geschwaders bis zum 11. Februar 1944 noch keines ihrer Flugzeuge verloren.
‚Tungsten' war eigentlich für die Zeit zwischen dem 7. und 16. März geplant, also noch bevor die Reparaturen der *Tirpitz* abgeschlossen waren. Aber die Werftliegezeit der *Victorious* war zu dieser Zeit noch nicht beendet. Die Operation wurde um 14 Tage verschoben. Diese Verschiebung war sehr vorteilhaft, weil sie die Gelegenheit bot, für die TBR-und Jagdstaffeln eine zusätzliche Ausbildung durchzuführen. Der Höhepunkt war dann eine Art Generalprobe des Angriffs, die am 28. März in Loch Eriboll stattfand.

Furious und *Victorious* tauschten ihre 827. und 831. Staffel aus. Damit war sichergestellt, daß jede der beiden Angriffswellen eine TBR-Staffel hatte. Zusätzlich konnte *Victorious* jederzeit 12 ‚Barracudas' starten und *Furious* weitere neun. Der Jagdschutz, vorgesehen für den Luftschirm in mittlerer Höhe, bestand aus einem Dutzend ‚Corsairs'. Zehn ‚Wildcats' waren für das Beschießen schwerer Flakbatterien und 20 ‚Wildcats' für die Niederkämpfung der automatischen Flak und die Feuerleitanlagen der *Tirpitz* vorgesehen. Jede Welle wurde von 42 Jägern begleitet.
Die ‚Tungsten'-Kampfgruppe fuhr in zwei Kolonnen. Kampfgruppe 1 verließ Scapa Flow am Vormittag des 30. März, bestehend aus *Victorious*, *Duke of York*, *Anson*, einem Leichten Kreuzer und fünf Zerstörern. Die Aufgabe dieses Verbandes war, bis zum 1. April eine Ferndeckung für den in Richtung Rußland fahrenden Geleitzug JW 58, der seit dem 27. März unterwegs war, zu bilden. Kampfgruppe 2, *Furious*, *Searcher*, *Pursuer*, *Emperor*, *Fencer*, drei Leichte Kreuzer, zwei Tanker und fünf, später zehn Zerstörer, lief später, am 30. März aus. Die Führung hatte KAdm*) A.W. La Touche Bisset, Kommandierender Admiral der Geleitträger.
Beide Verbände sollten sich ursprünglich am 3. April treffen, um dann am folgenden Tag in der Dämmerung einen Angriff zu fliegen. Aber das gute Wetter und die geschickte Durchführung der Sicherungsaufgaben am JW 58, an der auch zwei weitere Geleitträger beteiligt waren, veranlaßten den CinC Home Fleet, Adm Sir Bruce Fraser, das Unternehmen um 24 Stunden vorzuziehen.
Zur gleichen Zeit waren die See-Erprobungen der *Tirpitz* für den 1. April vorgesehen, wurden aber wegen der Schlechtwetterlage um 48 Stunden verschoben.
Die Kampfgruppen 1 und 2 stießen im Laufe des Nachmittags des 2. April, etwa 260 Meilen Nordwest des Altafjords, aufeinander. Der CinC auf *Duke of York* nahm mit zwei Zerstörern eine Sicherungsstellung nordwestlich der Bäreninsel ein. Die Tanker und zwei Zerstörer bezogen eine Warteposition etwa 300 Meilen nordwestlich des Nordkaps, VAdm Moore ging mit dem Rest der Flotte auf Angriffsposition, die 120 Meilen vor dem Kaafjord lag. Dieser Punkt wurde am 3. April um 0415 Uhr erreicht.
Während der ganzen Nacht standen Flugzeuge auf den Flugdecks der Träger und ließen ihre Motoren warmlaufen. Anschließend wurden sie gegen solche ausgetauscht, die in den Hangars standen und während des eisigen Nordkurses dort die Wärme genossen hatten.
Als die erste Angriffswelle um 0405 Uhr startete, fiel keine Maschine beim Start aus und alle 61 Flugzeuge hoben sicher ab.
Die 21 ‚Barracudas' der 8. TBR-Staffel, unter Führung von Lieutenant-Commander (A) R. Baker-

*) Anm. d. Übers.: TBR = Torpedo-Bomber-Reconnaissance/Torpedobomber und Aufklärungsflugzeuge.

*) Anm. d. Übers.: KAdm = Konteradmiral.

Faulkner, RN, trugen sieben 725,7 kg-Panzersprengbomben und zwölf 226,8 kg-Halbsprengbomben zum Durchschlagen des 50 mm-Wetterdeckpanzers. Außerdem führten sie zwölf 226,8 kg-Bomben mittlerer Sprengkraft und vier 272,6 kg Ubootbomben für Überwasser- und Unterwasserdruckwirkung mit sich. Je drei 226,8 kg-Bomben wurden von 12 ‚Barracudas' getragen, aber die übrigen konnten nur jeweils zwei 272,6 kg-Bomben mit sich führen.
Die Angriffsformation nahm eine mittlere Höhe ein und ging um 0437 Uhr auf Kurs. Dabei flog sie dicht über der Wasseroberfläche, um so einer möglichen Radarortung zu entgehen. Erst etwa 25 Meilen vor der norwegischen Küste kletterten die Flugzeuge auf 3000 m und überflogen die Küste um 0508 Uhr, 37 Meilen nördlich der *Tirpitz*.
Drei Minuten zuvor hatte die deutsche Radarortung 32 und mehr Flugzeuge erfaßt. Aber der Alarm erreichte die Luftabwehrleitstelle des Schlachtschiffes erst vier Minuten später, um 0528 Uhr.
Tirpitz hatte gerade ihren Bb-Anker eingeholt und legte über das Heck ab, die Stb-Ankerkette war noch steif. Da kam die erste Warnung. Die schwere Flak war besetzt, aber es dauerte noch eine gewisse Zeit, bis alle Leckabwehrvorbereitungen abgeschlossen waren (Herstellen Gefechtsverschlußzustand), so daß noch etwa 10% der wasserdichten Türen offen waren.

Die ‚Barracudas', ‚Hellcats' und ‚Wildcats' versuchten – so gut es ging – aus möglichst vielen Richtungen anzugreifen, um so die Abwehr des Schiffes zu zersplittern. Dazu waren allerdings die ‚Barracudas' eher in der Lage als die Jäger, denn sie waren dazu ausersehen, das Schiff in der Längsrichtung anzugreifen, um ein Maximum an Treffern zu erzielen, und bei einem Sturzflug von 40° bis 70° aus 2438 m Höhe waren sie nur für die Dauer des Anflugs im Visier.

Die Jäger folgten dem bergigen Gelände und nahmen den 29,26 m hohen Vormars der *Tirpitz* wahr, als sie die Kuppe des Kaafjordes überflogen. Während die 800. ‚Hellcat'-Staffel die schwere Flak angriff, nahmen die ‚Wildcats' der 881. und 882. Staffel die Feuerleitstände der Flak unter Beschuß und setzten diese außer Gefecht. Dabei wurden erhebliche Personalverluste hervorgerufen, auch bei den Geschützbedienungen, ebenso Schäden an den Geschützen selbst, erzielt mit 12,7 mm-Panzersprenggeschossen. Obgleich die Nebelanlagen an den Fjordufern in Tätigkeit traten, als der Luftalarm ausgelöst wurde, verhinderte die kurzfristige Alarmierung eine Vernebelung, die den Angriff der Bomber und Jäger wesentlich behindert hätte.
Die ‚Barracudas' wurden auf eine Entfernung von 3 Meilen unter Feuer genommen, als sie zum Sturzflug ansetzten. Aber die Feuerleitgeräte der 10,5 cm-Flak waren außer Gefecht gesetzt, auch die automatische Flak war nicht mehr voll einsatzklar, seit die ersten Flugzeuge um 0530 Uhr ihre Bomben abgeworfen hatten. Unglücklicherweise hatten alle ihre Bomben aus einer Höhe von 900 m und darunter gelöst, so daß die Bomben nicht die Geschwindigkeit erreichten, die sie benötigten, um eine Panzerung zu durchschlagen.

Immerhin erzielten die abgeworfenen 725,7 kg-Bomben drei Treffer, auch alle fünf 226,8 kg-Bomben trafen. Eine 272 kg-Bombe detonierte in der Luft, nachdem sie den Schornstein durchschlagen hatte. Eine 272 kg-Bombe detonierte im Wasser und verursachte ein Fluten der Stb-Außenabteilungen in Höhe des achteren Kesselraumes. Alle Treffer, und auch einer der nachfolgenden, lagen zwischen den Türmen ‚B' und ‚C'. Ausnahme war eine 226,8 kg-Bombe, die das 5 cm gepanzerte Achterdeck seitlich vom Turm ‚D' durchschlug, sie zerbrach an der Böschung des 12 cm-Panzerdecks, wodurch ein Brand in den Unterkünften entstand. Weitere 226,8 kg-Bomben vermochten die 2 cm-Panzerung nicht zu durchdringen, und nur eine 725,7 kg-Bombe schlug bis zum Panzerdeck über dem Bb-Turbinenraum durch. Sie hatte aber zu wenig Auftreffgeschwindigkeit, um mehr als eine Beule in der Panzerung zu verursachen –- sie war aus einer Höhe von etwa 610 m abgeworfen worden und stammte entweder von der ‚F' oder ‚K' der 830. Staffel. Allerdings rief diese Bombe ernsthafte Schäden hervor, einmal durch den Detonationsdruck und dann durch den anschließend entstandenen Brand, der noch genährt wurde durch zerborstene Leitungen des Flugbenzinversorgungssystems.

Eine 226,8 kg-Bombe mittlerer Sprengkraft durchschlug ein Beiboot nahe am Fuße des Großmastes, drang durch den Bb-Hangar und detonierte auf dem 2 cm-Panzerdeck in der Offiziersmesse, was einen weiteren Großbrand verursachte. Etwas weiter voraus beschädigte eine detonierende 272 kg-Ubootbekämpfungsbombe die Bb-Seite des Schornsteins und sechs von 12 Niedergängen dort, drückte das Dach des Bb-Hangars, der ja schon beschädigt worden war, ein und verursachte einen weiteren Brand. Eine

andere 725,7 kg-Bombe durchschlug die Decke des 15 cm-Turms Stb I und detonierte in den Wohnräumen der Leutnante, unterhalb des Schornsteins. Das verursachte ebenfalls einen Brand.
Während dieses ersten Angriffs streifte der dritte 725,7 kg-Bombentreffer das Panzerdeck und traf den unteren 14,5 cm-Gürtelpanzer unter der Wasserlinie, detonierte aber außerhalb des Torpedoschotts, das auf eine Länge von über 4,6 m nach innen gedrückt wurde. Die Außenabteilungen wurden geflutet, und in der Bordwand befand sich ein Loch von etwa 0,914 m x 47,5 cm. Die 272 kg-Ubootbekämpfungsbombe, die etwa 3 m neben der Stb-Seite der *Tirpitz* detonierte, verursachte jedoch wesentlich größere Schäden als der direkte Unterwassertreffer. Unter Wasser in 9,1 m Tiefe detonierend — unterhalb des Gürtelpanzers — drückte sie die Außenhaut auf eine Länge von 15,24 m und eine Breite von 4,9 m um 0,914 m ein. Das rief erhebliche Schäden an der Stb-Kielplatte und im Spantsystem hervor. Die Außenhaut riß an den Schweißnähten auf eine Länge von 15,24 m und die Druckwelle verschob eine Seewassereintrittsleitung, außerdem rief sie weitere Schäden an der Innenkante unter dem Kesselraum hervor.
Eine ‚Barracuda', die ‚M'*) der 830. Staffel, ging verloren mitsamt der Besatzung, Sub-Lieutenant (A) T. C. Bell, RNVR, als Pilot, dem Beobachter Sub-Lieutenant (A) R. N. Drennan, RNVR, und dem Funker/Bordschützen G. J. Burns. Die Maschine wurde zuletzt auf Patrouille gesehen, als sie den Kaafjord entlangflog. Über das Schicksal ist nichts bekannt.

Der ganze Bombenangriff hatte eine Minute gedauert. *Tirpitz* lag quer zum Fjord, den Bug dicht am westlichen Ufer. Sie war eingehüllt in dichten Rauch und ohne sichtbare Schlepperhilfe. Die Maschinen waren intakt, aber die Funkanlagen und der Ruderlagenzeiger waren ausgefallen.
Durch das Fluten der äußeren Abteilungen hatte das Schiff eine leichte Schlagseite. Da es in diesem Zustand unmöglich war, die See-Erprobungen durchzuführen, wurde entschieden, in den Schutz der Netzsperre zurückzukehren. Um 0636 Uhr, als die zweite Angriffswelle gemeldet wurde, war *Tirpitz* immer noch damit beschäftigt, an ihren Liegeplatz zurückzukehren.

*) Anm. d. Übers.: Die einzelnen Flugzeuge trugen zwar unterschiedlich Nummern, wurden aber aus taktischen Gründen mit Buchstaben bezeichnet.

Der zweite Angriff begann um 0525 Uhr und lief ab wie der erste. Der Witterungseinfluß der eisigen Winde auf die Motoren der ‚Barracudas' — während der Fahrt in den nördlichen Gewässern — führte dazu, daß ein Flugzeug der 829. Staffel den Start verfehlte, und die ‚Q' der gleichen Staffel fiel kurz nach dem Abheben ins Wasser, wobei die Besatzung ums Leben kam. Dieses Flugzeug hatte eine 725,7 kg-Bombe getragen, von denen jetzt nur noch zwei weitere bei dieser Welle mitgeführt wurden; es war ausgerechnet die wichtigste Waffe. Die anderen Flugzeuge hatten neununddreißig 226,8 kg-Halbsprengbomben, neun 226,8 kg-Bomben normaler Wirkung und zwei 272 kg-Ubootbekämpfungsbomben. Die Leitung des Angriffs lag bei Lieutenant-Commander (A) V. Rance, RN, dem Staffelkapitän der 52. TBR-Staffel. Der Anflug folgte dem gleichen Kurs wie bei der ersten Welle — ein tiefer Flug mit nachfolgendem Steigen auf 3000 m. Das Zielgebiet war auf 40 Meilen Entfernung klar erkennbar. Das lag an dem braunen Rauchschleier, der von dem Nebel im Kaafjord herrührte.
Der Nebelschleier behinderte die *Tirpitz* mehr als die angreifenden Flugzeuge, verdeckte ihre Abwehrleitstände, aber nicht die Umrisse des Schiffes. Alle Versuche einer Horchpeilung nach Auslösung des Luftalarms — um 0633 Uhr — waren vergeblich, weil sich die Schiffssirene im geöffneten Zustand verklemmt hatte.
Die 10,5 cm-Flak schoß gezieltes Sperrfeuer in den Sektor, aus dem der Anflug erfolgte, aber die Nahbereichsflak konnte nur blind schießen, eine Anwendungsart, für die die automatischen Kanonen weder vorgesehen noch ausgerüstet waren.
Die zehn ‚Hellcats' der 800. Staffel und die 20 ‚Wildcats' der 896. und 898. Staffel waren so wirkungsvoll gegen die Flak wie ihre Vorgänger, und nur eine ‚Barracuda', die ‚M' der 829. Staffel, Pilot Sub-Lieutenant (A) H. H. Richardson, RNVR, Beobachter Sub-Lieutenant (A) A. G. Cannon, RNVR und Funker/Bordschütze E. Carroll, ging verloren. Mit einem Treffer in der Bb-Tragfläche, den sie beim Angriff erhielt, flog sie nach Norden ab und wurde beim Absturz auf dem Weg zur Küste beobachtet.

Vom Angriff der ‚Barracudas' auf das Ziel selbst wurde nichts gesehen, aber es wurden fünf weitere Treffer erzielt. Eine 725,7 kg-Bombe, aus 900 m bis 1050 m abgeworfen, durchschlug die 5 cm-Panzerung des Backdecks, aber wurde dann von einer Stütze gebremst und blieb liegen, ohne zu detonieren.

Zwei 226,8 kg-Bomben detonierten am Oberdeck und riefen lediglich Splitterschäden hervor. Eine 226,8 kg-Halbsprengbombe jedoch durchdrang das Dach des Stb-Hangars und detonierte nahe des 15 cm-Turms Stb I. Das verursachte einen weiteren Brand in der Nähe des Bereiches, in dem schon beim ersten Angriff ein Feuer durch eine 725,7 kg-Bombe ausgebrochen war. Der fünfte Treffer der zweiten Welle wurde mit einer 226,8 kg-Halbsprengbombe erzielt. Sie detonierte, als sie das Oberdeck durchschlug, verursachte dabei ein Loch von 1,8 m Durchmesser, und in den darunterliegenden Unterkünften und Hellegats brach ein Feuer aus. Bei diesem Treffer fiel auch der 15 cm-Turm Bb I aus. Ein Nahtreffer seitlich des Stb-Wellenlagers rief Splitter- und Druckschäden hervor und führte zum Wassereinbruch.

Wieder war der Angriff schnell vorüber, und die Flugzeuge kehrten zu den Trägern zurück.
Ein Auffanghaken einer ‚Hellcat' der 800. Staffel versagte und der Pilot landete sicher auf dem Wasser, längsseits eines Zerstörers. Von der ‚B' der 831. Staffel hatte sich eine 272 kg-Bombe nicht gelöst, die Ausklinkvorrichtung hatte versagt. Sie wurde aber auf der *Furious* sicher gelandet. Eine 725,7 kg-Bombe war beim ersten Angriff nicht ausgeklinkt und eine elektrische Störung bei der ‚P' der 829. Staffel ließ diese glauben, ihre drei 226,8 kg-Bomben wären gefallen. Die anderen Flugzeuge jedoch hatten insgesamt 92 Bomben mit einem Gesamtgewicht von 25 ts abgeworfen.
Die Jäger hatten sich nicht allein darauf beschränkt, die Feuerleit- und Flakstände der *Tirpitz* mit ihren 12,7 mm panzerbrechenden Hartkerngeschossen anzugreifen. Als die Flugzeuge abdrehten, griffen sie kleine Patrouillen- und Hilfsfahrzeuge im Langfjord, im Stjernsund und vor der Insel Loppa an. Die erste Welle beschoß den bewaffneten Trawler *Vp 6103*, tötete den Kommandanten und hinterließ viele Verwundete an Bord, schoß den 535 t-Dampfer *Dollart* in Brand und, noch viel wichtiger, das dort liegende 13246 t-Werkstattschiff *Larsen*, ein ehemaliges Walfangmutterschiff. Die zweite Welle beschädigte einige UJäger, *Uj 1212* und *Uj 1218*, des dortigen UJagdverbandes und verwundete ein weiteres Dutzend Soldaten.

Die Verluste auf der *Tirpitz* waren groß. Nicht weniger als 120 Offiziere und Besatzungsangehörige fielen, zusätzlich zwei Werftarbeiter. Weitere 316 Soldaten wurden verwundet, einschließlich des Kommandanten, der beim ersten Angriff von Splittern getroffen wurde.
Wie erinnerlich, hatte keine Bombe das Panzerdeck durchschlagen, und nur fünf Bomben durchdrangen das gepanzerte Oberdeck. Es überrascht, daß die Verluste so hoch waren, rund 15% der Gesamtstärke. Obwohl die Mehrzahl der Soldaten, die getroffen wurden, zu den Geschützbedienungen gehörte, verschoß die Flak 506 Schuß 10,5 cm, 400 Schuß 37 mm und 8260 Schuß 20 mm, und das innerhalb von 5 Minuten.

Tirpitz hatte umfangreiche und ernste Oberflächenschäden erhalten, aber sie war nach wie vor in der Lage zu fahren und ihre schwere Artillerie einzusetzen. Der Unterwasserschaden, hervorgerufen beim Angriff am 3. April, erforderte einen Monat Reparatur, einschließlich der erforderlichen Unterwasserschweißarbeiten, die von Tauchern ausgeführt wurden, und das in einem Wasser, dessen Temperatur nahe dem Gefrierpunkt lag. Auch in diesem Falle wurde ein Docken in Deutschland nicht erwogen, obwohl das die Qualität der Arbeiten wesentlich erhöht hätte. Die durch Druck und Feuer hervorgerufenen inneren Schäden erforderten eine längere Instandsetzungszeit, weil umfangreiche elektrische Kabel und Telefonleitungen ausgewechselt werden mußten. Aber zum 1. Juli 1944 war *Tirpitz* erneut für erste Erprobungen klar. Die Admiralität schätzte, daß die Deutschen drei Monate brauchen würden, sie wieder gefechtsklar zu machen.
Die Arbeiten im Kaafjord verliefen unbehelligt, obgleich das nicht in der Absicht der Admiralität lag. Drei Trägeroperationen wurden während dieser Zeit geplant, aber alle wegen der schlechten Wetterverhältnisse im Bereich des Altafjordes aufgegeben.
Am 24. April wurde die Operation ‚Planet' – mit den gleichen Trägern wie bei ‚Tungsten', in dem Augenblick abgeblasen, als die Einheiten die Angriffsposition erreicht hatten. Im Verband war lediglich *Fencer* gegen *Striker* als UJagd-Träger ausgetauscht worden.

Am 15. Mai starteten 27 ‚Barracudas' von *Victorious* und *Furious*, den einzigen Trägern der Operation ‚Brawn'. Der Angriff, gesichert von ‚Corsairs' und ‚Seafires', erreichte die Küste, aber als man feststellte, daß über dem Kaafjord in 300 m Höhe eine dichte Wolkendecke lag, drehte man wieder ab. Schließlich gaben die gleichen Schiffe am 28. Mai die Operation ‚Tiger Claw' auf, ohne daß ein Angriff startete. Der Verband drehte ab, um vor dem Aalesund

besseres Wetter abzuwarten, wo er am 1. Juni vier große Handelsschiffe vorfand.
Anschließend verließ *Victorious* den Verband der Home Fleet, und es gab eine Pause von zwei Wochen. Danach hatten zwei weitere Flottenträger, *Formidable* und die neue *Indefatigable* ihre Ausbildung abgeschlossen. Das 8. TBR-Geschwader wurde von *Furious* auf *Formidable* verlegt und durch zwanzig ‚F 6 F-3 Hellcats I' der 1840. Staffel ersetzt, die für ältere Träger vorgesehen war. *Indefatigable* erhielt das 9. TBR-Geschwader (820. und 824. Staffel), sowie die 1770. Staffel, die erste Einheit, die mit dem neuen zweisitzigen ‚Fairey Firefly'-Jagdbomber ausgerüstet wurde.

8. Die Operationen „Mascot" und „Goodwood"

Am 17. Juni starteten die drei Träger einen einzelnen Angriff, der von 21 ‚Barracudas' der *Formidable* und 23 ‚Barracudas' der *Indefatigable* durchgeführt wurde. Die Höhensicherung übernahmen 18 ‚Corsairs', die Flakbekämpfung 12 ‚Fireflies' und 20 ‚Hellcats'.
Alle, bis auf zwei ‚Barracudas', waren mit 725,7 kg-Bomben ausgerüstet, die anderen Flugzeuge führten je drei 226,8 kg mittlere Sprengbomben mit. Dieser Angriffsverband verließ die Kampfgruppe um 0135 Uhr und näherte sich der Küste der Loppainsel bis auf 10 Meilen. Dann stiegen sie auf 2750 m Höhe. Während des Anfluges war keine Wolke zu sehen, aber bei Erreichen des Einsatzgebietes – 10 Meilen Südwest der *Tirpitz* – wurde festgestellt, daß über dem Altafjord eine ziemliche Wolkendecke lag und über dem Kaafjord eine etwa 300 m hohe und dichte Nebelwand stand.
Seit April hatte die deutsche Marine ihre Radarwarnstationen verbessert, außerdem aber auch die BÜ-Einrichtungen in diesem Raum. Die Nebelanlagen waren verstärkt worden. Immerhin wurde der anfliegende Verband erst in einer Entfernung von 43 Meilen geortet. Das war um 0200 Uhr, und bis die Meldung die Tirpitz erreicht hatte, waren weitere 4 Minuten verflossen.
Die Nebelgeneratoren an Land und auf dem Oberdeck der *Tirpitz* wurden um 0213 Uhr in Betrieb genommen, und innerhalb einer Minute war die Nebelwand dick und breitete sich schnell aus. Die 38 cm-Geschütze eröffneten um 0219 Uhr das Feuer, unmittelbar danach fielen die 15 cm- und 10,5 cm-Geschütze ein. Sie legten in der direkten Richtung des Anfluges ein Sperrfeuer. Das Resultat des dichten Nebels war, daß nur zwei Jäger und zwei ‚Barracudas' des 9. Geschwaders die *Tirpitz* wirklich sahen, die übrigen 37 Flugzeuge warfen in den folgenden 25 Minuten ihre Bomben einzeln ab, indem sie sich am Mündungsfeuer der Flak orientierten. Sieben Nahtreffer stellte man auf dem Schlachtschiff fest, das sich heftig schüttelte. Eine ‚Barracuda' bombardierte Flakbatterien an Land, eine andere warf ihre 226,8 kg-Bomben auf einen Zerstörer im Langfjord und eine dritte verfehlte den Tanker *Nordmark* mit ihrer 725,7 kg-Bombe. Die Jäger beschossen Flakstellungen entlang des Altafjords und versenkten *Vp 6307* (510 ts). Das Flakfeuer während des 33 Minuten währenden Angriffs war intensiv. *Tirpitz* alleine verschoß 39 Schuß 38 cm, 359 Schuß 15 cm, 1973 Schuß 10,5 cm, 3967 Schuß 37 mm und nicht weniger als 28 550 Schuß aus ihren achtzig 20 mm-Rohren.

Viele ‚Barracudas' wurden beschädigt; eine mußte neben der *Formidable* notlanden, die Besatzung wurde aber gerettet. Der einzige Verlust am Ziel war eine ‚Corsair'. *Tirpitz* meldete 12 Abschüsse.
Es war vorgesehen, den Angriff mit einer 2. Welle zu wiederholen, die um 0800 Uhr starten sollte. Aber dieser Angriff wurde abgeblasen, weil sich im Landegebiet Nebel bildete.
Obgleich bekannt war, daß auf der *Tirpitz* während dieses Angriffs, der Operation ‚Mascot', kein Treffer erzielt worden war, blieb sie die nächsten fünf Wochen unbehelligt. Mit der Wiederaufnahme der Rußlandgeleite im Herbst wurde allerdings beschlossen, einen weiteren Hauptangriff durchzuführen. In diesem Falle sollten die Angriffe solange

fortgesetzt werden, bis entsprechende Schäden erzielt worden waren.
Formidable, *Furious* und *Indefatigable* verließen Scapa Flow am 18. August 1944. Begleitet waren sie von den Geleitträgern *Trumpeter* und *Nabob* sowie einer starken Sicherung, zu der auch die *Duke of York* und drei Schwere Kreuzer gehörten.
Die Angriffsstaffeln waren wieder ausgetauscht worden. *Indefatigable* gab ihre 826. Staffel an *Formidable* ab, damit sie mit der 828. Staffel zusammenkam. *Furious* erhielt ihre eigenen Flugzeuge des 8. TBR-Geschwaders zurück. Zuvor hatte sie die ‚Hellcats' der 1840. Staffel an *Indefatigable* abgegeben. Die ‚Hellcat'-Staffeln und die ‚Corsairs' des 6. Kampfgeschwaders (1841. und 1842. Staffel) der *Formidable* hatten in der Zwischenzeit eine Sturzkampfbomberausbildung erhalten. Die beiden Geleitträger hatten je ein Dutzend ‚Grumman TBF-1 C Avenger II S' und eine Staffel ‚FM 1 Wildcats' an Bord. Es wurde beschlossen, daß die ‚Avengers' in der Ausfahrt des Altafjordes – zur See hin – systematisch Minen werfen sollten.

Der erste Angriff startete am 21. August, um den Kurs des Geleitzuges JW 59 hinter der Bäreninsel zu sichern, aber schlechtes Wetter im Zielgebiet verschob den Start um 24 Stunden. Am 22. August um 1150 Uhr starteten 32 ‚Barracudas', 24 ‚Corsairs', 11 ‚Fireflies', 9 ‚Hellcat'-Jagdbomber und 8 ‚Seafires' des 24. Kampfgeschwaders der *Indefatigable*. Nach Überfliegen der Küste zwangen dichte Wolken in 450 m Höhe die ‚Barracudas' und ‚Corsairs' zur Umkehr. Das war so befohlen worden. Die ‚Seafires' setzten den Flug fort und griffen den Flugplatz von Banak und den Seefliegerhorst in Kolvick an. Beide wurden beschädigt. Die ‚Fireflies' und ‚Hellcats' machten einen „Scheinangriff" auf *Tirpitz*, wobei sie direkt unter den Wolken flogen und einer Straße über die Berge des Kaafjordes folgten. *Tirpitz* war vor dem Angriff kaum gewarnt worden und der Nebelschleier noch recht unvollständig, als die ‚Fireflies' um 1249 Uhr anfingen, die Flak zu bekämpfen. Das war zwei Minuten vor dem Angriff der ‚Hellcats'. Jede warf eine mittlere Sprengbombe von 226,8 kg. Auf dem Schlachtschiff wurde kein Treffer erzielt. Dafür wurden aber eine Reihe kleiner Fahrzeuge schwer getroffen, eingeschlossen das im Hammerfest liegende Uboot *U 965*.
Der Seefliegerhorst in Butka wurde ebenfalls beschossen und zwei der ‚Ar 196A' der *Tirpitz*, dort zur Überholung liegend, wurden im Wasser zerstört. Die Minenlegeoperation wurde wegen der niedrigen Wolkendecke im Altafjord widerrufen und anschließend ganz aufgegeben, als erst *Nabob* und dann die Fregatte *Bickerton* von dem Uboot *U 354* torpediert wurden gegen Ende des Nachmittags. Die Fregatte wurde versenkt, aber *Nabob* gelang es nach Scapa Flow zurückzukehren, obgleich sie achtern stark beschädigt worden war. Um 1830 Uhr startete *Indefatigable* nochmals sechs ‚Hellcat'-Jagdbomber und acht ‚Fireflies' für einen neuen Störangriff. Als um etwa 1910 Uhr der Langfjord erreicht wurde, geschah das völlig überraschend, und erst als die ‚Fireflies' angriffen und anfingen die Flak zu beschießen, setzten die Nebelgeneratoren ein. Obwohl die Flak zu schießen begann, stürzten die Flugzeuge aus einer Höhe von 2500 m herab. Die ‚Hellcats' erzielten mehrere Nahwürfe, aber keinen Treffer auf der *Tirpitz*. Auf dem Rückflug wurden von den Jägern Schiffe und Radarstationen beschossen, wobei die Tanker *Jeverland* und *Nordmark* sowie der Versorger *Neumark* beschädigt wurden, am Ausgang des Altafjordes auch das *Vp 6504*. Beim ersten Angriff waren eine ‚Hellcat' und eine ‚Seafire' (bei Banak) abgeschossen worden, der zweite Angriff forderte keine Opfer.

Tirpitz hatte 75 Schuß 38 cm, 487 Schuß 15 cm, etwa 2000 Schuß 10,5 cm, 4000 Schuß 37 mm und 30000 Schuß 20 mm verschossen. Sie meldete den Abschuß von 12 Flugzeugen bei beiden Angriffen. Ein Soldat war gefallen, zehn weitere durch den Bordwaffenbeschuß der Jäger verwundet worden.
Am Abend des 22. August zogen sich die Geleitträger unter dem Schutz von *Formidable* und *Furious* zurück, letzterer benötigte dringend Brennstoff für die Fortsetzung der Operation. *Indefatigable* sollte am 23. August einen Angriff außer der Reihe starten, und zwar auf die Tanker und Zerstörer im Langfjord. Wieder machte die Wetterlage einen Strich durch die Rechnung. *Formidable* und *Furious* kehrten am 24. August zurück, und etwa um 1500 Uhr hatten alle drei Träger 33 ‚Barracudas' (alle mit 725,7 kg-Bomben), 24 ‚Corsairs' (fünf mit 453,6 kg-Panzersprengbomben), zehn ‚Hellcat'-Jagdbomber, zehn ‚Fireflies' und acht ‚Seafires' in der Luft. Die letzteren griffen erneut Banak an.
Die Startposition lag weiter südlich als üblich und die Angriffsgruppe flog entlang der Küste, um den Kaafjord von Süden anzufliegen. Um 1535 Uhr erfaßte die deutsche Radarortung den Verband, der noch 63 Meilen im Süden stand. Sechs Minuten später wurde auf *Tirpitz* Alarm ausgelöst. Das Opfer war somit gut vorbereitet und der Nebelschleier et-

wa um 1600 Uhr gelegt, als die ‚Hellcats' und ‚Fireflies' angriffen – fünf Minuten vor den ‚Barracudas' und ‚Corsairs'. Bei diesem Angriff erzielten die ‚Hellcats' ihren ersten Treffer. Eine 226,8 kg-Halbsprengbombe detonierte auf der Decke des Turms ‚B' und zerstörte die dortige 20 mm-Vierlingsflak. Der Erfolg kostete die Staffel zwei Flugzeuge, einschließlich desjenigen, das vom Staffelkapitän, Lieutenant-Commander A. R. Richardson, RNZNVR*), geflogen wurde.

Während die von den ‚Corsairs' unterstützten ‚Barracudas' die *Tirpitz* angriffen, war diese völlig in Nebel gehüllt. Das zwang die Bomber, ihre Bomben blind zu werfen. Das Ergebnis war, daß sie aus Höhen von 1219 m bis 1524 m fielen. Eine 725,7 kg-Bombe traf *Tirpitz* unmittelbar an der Bb-Seite der Brücke. Wegen der großen Abwurfhöhe durchschlug sie fünf Decks (mit einer Gesamtdicke von 15 cm). Dann blieb sie im Plattformdeck, in der Schaltstelle 4, liegen. Leider detonierte sie nicht. Deutsche Untersuchungen der Bombe und ihres Zünders ergaben, daß letzterer nicht funktioniert hatte. Man stellte ferner fest, daß die Bombe selbst nicht voll war, es fehlten 97,5 kg Sprengstoff. Es ist keine Frage, hätte die Bombe funktioniert, wäre es zu erheblichen Flutungen und merklichen strukturellen Beschädigungen gekommen.
Eine ‚Corsair' wurde im Kaafjord abgeschossen, eine schaffte den Rückflug nicht. Das war ein geringer Erfolg angesichts des Munitionsverbrauches von 72 Schuß 38 cm, 510 Schuß 15 cm und 40% der gesamten Flakmunition. Acht Soldaten waren gefallen, 13 verwundet. *Tirpitz* hatte wieder einmal keine ernsthaften Beschädigungen erlitten.
Wie üblich erfreuten sich die Jäger der freien Jagd in diesem Gebiet. Sie beschädigten zwei Vorpostenboote, *Vp 6502* und *Vp 6510*, mehrfach sowie auch einen Minensucher und die Radarstationen auf der Insel Loppa. Eine der *Tirpitz* geltenden Bomben fiel an Land und traf ein Marineflak-Munitionslager, das explodierte. Eine weitere zerstörte drei Geschütze einer Flakbatterie. Das letzte Bordflugzeug ‚Ar 196A' des Schlachtschiffes wurde in der Reparaturwerft von Butka zerstört.
Am selben Abend gegen 1930 Uhr erkundeten einige ‚Fireflies' den Kaafjord und machten Aufnahmen von den Schäden. Das veranlaßte die Verteidiger, einen Nebelschleier und Flaksperrfeuer zu legen. *Furious* wurde zurückbeordert und hinterließ einige ihrer ‚Barracudas' und ‚Seafires', um die Verluste auf der *Indefatigable* auszugleichen. *Formidable* und *Indefatigable* wurden in den folgenden Tagen wegen Nebel und Sturm von weiteren Angriffen abgehalten. Das dauerte bis zum 29. August. Auch für diesen Tag war die Wettervorhersage schlecht, aber um 1530 Uhr wurde ein neuer Angriff gestartet. Die Gruppe bestand aus 26 ‚Barracudas', 17 ‚Corsairs' (zwei mit 543,6 kg-Bomben), zehn ‚Fireflies', sieben ‚Hellcats' und vier ‚Wildcats' (diese wieder für separate Angriffe). Vier ‚Hellcats' trugen 226,8 kg-Zielmarkierungsbomben. Mit diesen sollte die Position der *Tirpitz* markiert werden, bevor sich der Nebelschleier voll ausgebreitet hatte, damit die ‚Barracudas' genaue Zielpunkte hatten.
Unglücklicherweise hatten die Radarstationen auf den äußeren Inseln den ganzen Tag über das Starten der Flugzeuge – es waren Uboot-Sicherungsflugzeuge und Jägerpatrouillen – erfaßt. Um 1640 Uhr wurde eine kleine Flugzeuggruppe 54 Meilen vor dem Kaafjord geortet – wahrscheinlich die ‚Seafires', die einen Angriff auf Hammerfest durchführen sollten –, und die Chance eines Überraschungsangriffs war dahin. Der Hauptangriff begann erst 45 Minuten später, weil die Wettervorhersage für das Gebiet zwischen der *Tirpitz* und den Trägern falsch gewesen war, außerdem überflog die Angriffsgruppe die Küste zu weit im Süden und mußte einen großen Bogen machen (um nicht vorhandene Wolken herum), um das Ziel zu erreichen.
Der Nebelschleier war der dichteste, den die Flugzeuge der Royal Navy, einschließlich der Pfadfinder-‚Hellcats', die ihre Bomben blind warfen, je erlebt hatten.

Zahlreiche Nahtreffer schüttelten die *Tirpitz*, und sechs Mann wurden durch Splitter und Verbrennungen verletzt. Der Munitionsaufzug einer 10,5 cm-Flak wurde durch ein Bombenteil zerstört. Landziele wurden ebenfalls gebombt, ein Ölvorratstank mit 350 ts Öl wurde getroffen und brannte aus. Die Jäger beschossen – wie üblich – die verschiedenen Fahrzeuge, größere Schäden wurden jedoch nicht erzielt.
Eine ‚Firefly' und eine ‚Corsair' wurden von *Tirpitz* abgeschossen, die 54 Schuß 38 cm, 161 Schuß 15 cm und 20% der leichten Kaliber verschoß. Für den CinC der Home Fleet stand fest, daß *Tirpitz* trotz des Abwurfes von 52 Tonnen Bomben in 95 Angriffen und 73 begleitenden Geleit- und Unterstützungs-

*) Anm. d. Übers.: RNZNVR = Royal New Zealand Naval Volunteer Reserve/Freiwilligenreserve der Königlich Neuseeländischen Marine.

angriffen nicht kampfunfähig geworden war. Die Träger hatten acht Flugzeuge bei den Angriffen auf das Schlachtschiff verloren.
Im Hinblick auf das allerdings geringe Risiko, daß die *Tirpitz* angreifen könnte, drehten *Formidable* und *Duke of York* nach Norden ab, um den Weg des Geleitzuges RA 59A, der am 28. August die Kolabucht verlassen hatte, zu decken. *Tirpitz* war gar nicht in der Lage einzugreifen, weil sie nur noch wenig Flakmunition hatte. Darüber hinaus hatte die deutsche Marine die Hartnäckigkeit der Flugzeugbesatzungen kennengelernt, die die Gelegenheit eines Angriffs – ohne Behinderung durch Nebel – begrüßen würden. Der Geleitzug RA 59A wurde nicht belästigt, weder durch Luftstreitkräfte noch durch Überwasserschiffe. Eines der drei den Geleitzug angreifenden Uboote, *U 354* (das Boot hatte einige Zeit davor *Nabob* torpediert), wurde von der Geleitsicherung, zu der auch zwei Geleitträger gehörten, versenkt.
Während der ganzen Angriffsserie der Trägerflugzeuge hatte die *Tirpitz* keinen Jagdschutz erhalten, ein schlechtes Bild im Hinblick auf die Zusammenarbeit zwischen Luftwaffe und Kriegsmarine. Das galt für jede Kommandoebene. Alleine mit ihrer Flak als Verteidigung gegen hartnäckige Luftangriffe konnte das Glück der *Tirpitz* nicht mehr lange anhalten.

9. Die Schiffsknacker

Die kleineren Schäden, die *Tirpitz* bei den Luftangriffen der Royal Navy in der ersten Septemberhälfte erhalten hatte, wurden schnell repariert, und für den 16. September bereitete sie sich erneut für die endliche Durchführung der vollen See-Erprobung vor.
Um es ins Gedächtnis zurückzurufen, das Programm konnte bisher nicht durchgeführt werden, weil die Royal Navy gerade den Tag für den Angriffsbeginn ausersehen hatte, an dem *Tirpitz* im Altafjord mit diesen Erprobungen beginnen wollte. Unglücklicherweise für die *Tirpitz* hatte jetzt auch die RAF damit begonnen Schritte einzuleiten, um diese Erprobungen gänzlich zu unterbinden.
Seit dem Angriff des RAF-Bomberkommandos auf *Tirpitz*, im April 1942, hatte die Hauptaufgabe der RAF auf dem Gebiet der Aufklärung und Unterstützung der Schiffahrt gelegen, strategisch auf dem Gebiet der Überwachung des Schiffsverkehrs und des Wechselns der Liegeplätze.
Nachdem der Versuch der Royal Navy im August 1944 fehlgeschlagen war, große Schäden zu erzielen, ersuchte die Admiralität das Luftfahrtministerium um schwere Bomber und schwere Bomben.
Anfang September wurde ein Übereinkommen erzielt und die 5. Gruppe des Bomberkommandos beauftragt, einen Angriff zu planen und durchzuführen. Ein Eliteverband, spezialisiert auf die Bombardierung besonderer und bedeutender Ziele, wurde ausersehen, diesen Angriff zu führen. Das war die hervorragende 617. Staffel, allgemein bekannt als die ,,Dam Busters" (Dammbrecher)*) —- nach ihrem ersten aufsehenerregenden und erfolgreichen Einsatz, der Zerstörung der Möhnetal- und Edertalsperre im Mai 1943.
Einmal, 1943, hatte man erwogen, eine verbesserte Version der ,,Dam Buster"-Bombe gegen *Tirpitz* einzusetzen. Aber das Gelände des sie umgebenden Kaafjordes verhinderte einen tiefliegenden Anflug, der für den Einsatz dieser Waffe erforderlich war.
Seit Juni 1944 allerdings hatten die mit ,Avro Lancaster I S' ausgerüsteten Staffeln eine 5454 kg-Bombe mittlerer Sprengkraft erhalten, die eine große Durchschlagskraft besaß, wenn sie auf kompakte oder normale Ziele traf. Man nahm an, daß sie dicke Panzerplatten durchdringen würde, ohne viel an Wucht durch die Verformung der relativ leichten Hülle zu verlieren. Die 2318 kg-Torpexladung würde katastrophale Schäden hervorrufen, falls sie im Schiff detonierte, und der Mineneffekt bei einem Nahtreffer von 15 m Abstand würde bemerkenswert sein.
Ein wesentlicher Punkt des Bombenabwurfsystems der ,Lancaster' war der Einbau eines stabilisierten und automatischen Bombenzielgerätes, das eine Art ,,Lead computing"-gyroscope (Leitrechner/Geradelaufapparat)**) war, zur Feststellung von Flughö-

*) Anm. d. Übers.
**) Anm. d. Übers.

he und -geschwindigkeit, Windgeschwindigkeit, Lufttemperatur und -druck sowie der Bombenflugbahn. Die 617. Staffel war die einzige Einheit, die im Herbst 1944 mit diesem Gerät operierte. Um den Verband zu verstärken, wurde eine der tüchtigsten Staffeln, die mit dem Mk XIV-Bombenvisier ausgerüstet war, die 9. Staffel, zusätzlich abgestellt. Wie die 617. Staffel war auch die 9. mit ‚Lancaster I S' ausgerüstet. Diese Flugzeuge waren mit besonderen Bombenbuchten ausgerüstet, die erstmalig 1943 zur Aufnahme der 5454 kg-Luftminen eingeführt wurden. Die 617. und 9. Staffel verließen die Flugplätze von Woodhall Spa und Bardney am 10. September und ergänzten ihren Treibstoff in Lossiemouth. Sie landeten schließlich in Jagodnik, 20 Meilen von Archangelsk und 600 Meilen von der *Tirpitz* entfernt. Alle Flugzeuge trugen die Bomben, die für das Schlachtschiff vorgesehen waren. Der Treibstoff reichte gerade für den großen Bogen über Norwegen und Nordschweden. Ohne die Hilfe der Russen wäre die Entfernung für die ‚Lancaster' zu groß gewesen. 18 Flugzeuge jeder Staffel verließen Lossiemouth, aber auf Grund der Abweichungen des Magnetfeldes der Erde (Mißweisung)*) und der Auswirkungen auf den Kompaß sowie in Unkenntnis der genauen Flugroute erreichten nur 23 ‚Lancaster' ihr Ziel in Jagodnik in der Dämmerung des 11. September. Eine davon wurde beim Überfliegen Finnlands von Flak beschädigt, sieben weitere trafen im Laufe des Tages von verschiedenen umliegenden Flugplätzen und Feldern ein. Aber vier Flugzeuge der 9. Staffel und zwei der 617. Staffel mußten dort gelassen werden, wo sie notgelandet waren. Bis zum 15. September verhinderte schlechtes Wetter jeden Einsatz, aber kurz nach der Dämmerung dieses Tages starteten 27 ‚Lancaster'. 21 waren mit 5454 kg-Bomben mittlerer Sprengkraft ausgerüstet, die übrigen mit zwölf 181,8 kg-JW II-Schwimmbomben, die für den Abwurf ins Wasser vorgesehen waren, um dicht am Ziel und unter dem ungeschützten Schiffsboden zu detonieren.

Geführt vom Staffelkapitän der 617. Staffel, Wing Commander**) J. B. Tait, DSO, DFC***), erreichten die ‚Lancaster' den Kaafjord von Südosten. Sie gingen langsam von 4850 m auf 3500 m herunter, der Anflug begann 30 Meilen vor dem Ziel.

*) Anm. d. Übers.

**) Anm. d. Übers.: Wing Commander = Oberstleutnant.

***) Anm. d. Übers.: DFC = Distinguished Flying Cross/Fliegerverdienstkreuz.

Tirpitz war rechtzeitig gewarnt vor dem Angriff, und als die ersten Flugzeuge ihre Bomben warfen, war sie von Nebel eingehüllt.

Die ‚Lancaster' kamen in sechs Gruppen und schlossen kurz vor dem Anflug zusammen zur dichten Formation. So waren sie in der Lage, einen dichten Bombenteppich zu legen. Nur der ersten Gruppe (unter Tait) gelang es, eine Zielmarkierung für die stabilisierten automatischen Bombenvisiere zu finden, aber mit einer solchen Genauigkeit, daß die Bombe (von Tait) die *Tirpitz* traf. Die Bomben der (Tait) begleitenden Flugzeuge gabelten sie förmlich ein. Die nachfolgenden Gruppen verfehlten das Ziel bis zu einer Meile, eine der JW-Bomben fiel 1500 m südlich nieder.

Die Bombe, die getroffen hatte, schlug vorne ein, direkt vor den Kettenstoppern. Sie durchschlug die Bordwand und detonierte in Höhe des Kiels, dicht am Schiff, etwa 10,6 m hinter dem Vorsteven. Im Stb-Bug entstand ein großes Loch, 9,7 m breit und 14,6 m lang. Die Schiffsstruktur unterhalb des Panzerdecks wurde bis zum 36 m entfernt liegenden Panzerquerschott zerstört.

Sowohl das Panzerdeck als auch die darüberliegenden Decks wurden nach oben gedrückt, ersteres um etwa 1 m. Der beschädigte Bereich wurde völlig geflutet, der Tiefgang vorne wuchs um 2,4 m. Die achteren Seitenabteilungen wurden geflutet und Heizöl nach hinten gepumpt. Man versuchte den vorderen Trimm auszugleichen. Schließlich hatte *Tirpitz* 1500 ts Wasser im Bauch. Nahtreffer riefen keinen Wassereinbruch hervor, aber die Erschütterungen und das Schaukeln beschädigte die Antriebsmaschinen, die acht Tage unklar blieben. Viele optische Feuerleitinstrumente waren durch die Erschütterung zerbrochen und, unter anderen Schäden, die Funkantennen von den Masten gerissen. Die Besatzung befand sich auf Gefechtsstation, so daß die Verluste gering waren. Nur fünf Soldaten wurden verletzt.

Alle 36 Rohre der drei Hauptbatterien der *Tirpitz* – 38 cm, 15 cm und 10,5 cm – sowie 98 Geschütze an Land hatten ein gewaltiges Sperrfeuer vor die ‚Lancaster' gelegt. Aber alle 27 Bomber kehrten nach Jagodnik zurück. Dort ergänzten sie ihren Treibstoff, um am folgenden Tag nach Lossiemouth zurückzufliegen.

Bis zum 20. September war keine Bildaufklärung über dem Kaafjord möglich, dann machten ‚Mosquitos' der 540. Staffel die ersten Fotos der *Tirpitz*. Unglücklicherweise lag das Schlachtschiff selbst im Schatten, aber die Aufnahmen machten den Scha-

densumfang im Bereich des Vorschiffes deutlich. Der wurde später durch Agentenmeldungen bestätigt, die jedoch auch keinen Überblick über den Umfang der Beschädigungen ergaben.
Nach Besichtigung des Vorschiffes kamen die Ingenieure der *Tirpitz* zu dem Schluß, daß es neun Monate dauern würde, einen neuen Bug zu fertigen. Voraussetzung dafür war aber, daß die Arbeiten ohne Unterbrechungen durchgeführt werden konnten. In der Zwischenzeit war das Schiff nicht fahrbereit bzw. seefähig, obwohl die Bewaffnung einsatzbereit war und die Maschinenreparaturen schnell beendet waren. Bei einer Besprechung in Deutschland am 23. September kamen Dönitz und die SKL zu der Feststellung, daß die Reparatur nicht möglich war, aber daß die Waffen einen hohen Verteidigungswert hätten. Im Lyngenfjord wurde eine Verteidigungslinie vorbereitet, die nach Westen bis Tromsö reichte. vor der Insel Haakoy wurde ein Ankerplatz gefunden, der etwa 3 Meilen westlich vom Stadtzentrum Tromsö lag.

Eine flüchtige Besichtigung des Ankerplatzes ergab, daß an dieser Stelle weniger als 1,2 m Wasser unter dem Kiel des Schlachtschiffes sein würde und der Boden über dem felsigen Untergrund aus etwa 1 m Sand bestand. *Tirpitz* verließ den Kaafjord am 15. Oktober und erreichte den neuen Liegeplatz am folgenden Tage. Das beschädigte Vorschiff, insbesondere der Bug, war durch Stringer abgestützt und versteift worden, die quer vor das Loch an der Stb-Seite verschweißt waren und dieses abdichteten. Dazwischen saßen Abdichtplatten. Der beschädigte Bug ließ eine Geschwindigkeit von höchstens 10 kn zu, und starke Schlepper standen bereit, um beim Manövrieren zu helfen. Der Bug hielt stand, die Schlepper wurden nicht benötigt. Für die Sicherung wurde jedes verfügbare Kriegsschiff in den nordnorwegischen Gewässern abgestellt, denn die geringe Geschwindigkeit und die schwache Manövrierfähigkeit der *Tirpitz* waren ein leichtes Ziel für Luft- und Ubootangriffe. Ihre Verlegung wurde zwar von der Luftaufklärung erkannt, aber der Grund dafür wurde nicht ganz klar, denn es befanden sich keine Geleitzüge in See. Trotzdem schickte die Admiralität als Vorsichtsmaßnahme am 16. Oktober den neuen Flottenträger *Implacable* in See. Der befand sich zu der Zeit noch in der Einzelausbildung in Scapa Flow und hatte 21 ‚Barracudas' des 2. TBR-Geschwaders (828. und 841. Staffel) sowie 11 ‚Fireflies' der 1771. Staffel an Bord. Im Laufe des Vormittags des 18. Oktober starteten die ‚Fireflies' etwa 120 Meilen nach Westen, um in Richtung auf Tromsö nach dem Schlachtschiff zu suchen. Beim Überfliegen der Küste wurden vier Jäger abgeordnet, um den Flugplatz bei Bardufoss und einen Seefliegerhorst bei Sorveisen anzugreifen. Die anderen fanden weiter nichts, aber sie sichteten die *Tirpitz*. Es wurden Aufnahmen gemacht, nicht nur von der *Tirpitz*, sondern auch von der ganzen Umgebung. Das war für spätere Angriffe von großem Wert. Der Kommandant der *Implacable*, Captain L. D. Mackintosh, DSO, meldete die Position der *Tirpitz* an den CinC der Home Fleet und ersuchte gleichzeitig um die Erlaubnis, einen ‚Barracuda'-Angriff zu starten. Zur großen Enttäuschung der Besatzung wurde das verboten. Die Flugzeugstaffeln der *Implacable* waren noch nicht voll ausgebildet, als sie auslief, und die einzigen Jäger, die verfügbar waren für die Höhensicherung, Flakbekämpfung und Abwehr am Träger selbst, waren die 11 ‚Fireflies'. Wegen der deutschen Jäger in Bardufoss war es ein zu großes Risiko für die ‚Barracudas' und den relativ schwachen Begleitschutz.
Die Aufnahmen der 1771. Staffel waren nicht die einzigen, die die Admiralität erreichten. Nicht lange, nachdem die ‚Fireflies' Haakoy überflogen hatten, waren eine ‚Mosquito' der 540. Staffel von Leuchars her angeflogen und hatte eine Reihe ausgezeichneter Fotos aus großer Höhe geschossen. Die ‚Mosquito' war dabei von der Flak leicht beschädigt worden, aber sie kehrte wohlbehalten nach Leuchars zurück. Die Gesamtflugzeit betrug knapp 11 Stunden.

Diese Hin- und Herflüge — von Schottland aus — offenbarten den ersten der beiden Hauptnachteile des Ankerplatzes bei Haakoy. Das Schlachtschiff lag im Wirkungsbereich der RAF-Basen im britischen Mutterland. Der zweite Nachteil war, daß die Berichte der Prüfer, die eine genaue Beschreibung der Art des Ankerplatzes anfertigten, falsch waren — sie hatten sich gewaltig geirrt. Die minimale Tiefe unterhalb des Torpedonetzes war 17 m, nicht 12 m, und der Boden bestand aus Sand, der auf weichem Schlick lag und war nicht felsig. Der Schlick wurde allerdings erst Ende Oktober entdeckt. Die Lage des Schiffes hätte natürlich verändert werden können, aber das hätte zur Folge gehabt, daß die wichtigsten Bestreichungswinkel für die Flak entfallen wären, um von See her Tromsö anfliegende Flugzeuge wirkungsvoll abzuwehren.
Stattdessen wurde beschlossen, den Boden um das Schiff herum aufzufüllen. Damit sollte die Wasser-

tiefe reduziert werden. Das war eine Maßnahme, die mehr als 28300 m^3 Schutt und Schlacke erforderte, die herangeschaft bzw. durch Bagger gefördert werden mußten. Bevor dieser Plan zur Ausführung kam, griffen die 617. und 9. Staffel erneut an.

Da *Tirpitz* nun in der Reichweite von Lossiemouth lag, hatte das Bomberkommando zwei ‚Lancaster'-Staffeln vorgesehen. Allerdings mußten die Flugzeuge für diesen Zweck verändert werden. Das geschah durch den Ausbau des mittleren oberen Turms – des gepanzerten Abwehrstandes des Bordschützen —, an dessen Stelle ein zusätzlicher Treibstoffbehälter für 1360 Liter eingebaut wurde. Die 1460 PS-Rolls Royce-Merlin 22-Motoren wurden gegen 1620 PS-Merlin 24 S-Motoren ausgetauscht. Somit erhielten die ‚Lancaster' den benötigten Aktionsradius und die Leistung, um überladen starten zu können.

Als der Wind am 28. Oktober drehte, verschwanden auch die Wolkenfelder, die sich bis dahin in mittlerer Höhe befunden hatten, und in den frühen Stunden des 29. Oktober starteten 32 ‚Lancaster' von Lossiemouth zu einem neuen Angriff auf die *Tirpitz*. Inzwischen drehte der Wind jedoch zurück auf West, und wieder behinderten die Wolken ein Zielen aus einer Höhe von 3950 m, die das erforderliche Minimum des Abwurfs war, damit eine 5454 kg-Bombe durchschlagen konnte. Der Angriff kam nicht überraschend und wurde vom üblichen massierten Flaksperrfeuer empfangen. Ein Nebelschleier war jedoch nicht vorhanden. Die enttäuschten Besatzungen der ‚Lancasters' waren jedoch hartnäckig und machten bis zu vier Anflüge. Aber die dichtesten Aufschläge lagen an der Bb-Seite, in einem Abstand von 15 m Höhe Ruder. Eine ‚Lancaster' wurde beim Abdrehen von der Flak getroffen, so daß sie in Schweden notlanden mußte. Trotzdem, die *Tirpitz* war durch die Nahtreffer beschädigt worden. Die Bb-Außenhaut riß auf, die Außenstopfbuchse der Bb-Welle wurde zerstört, das Achterschiff an der Bb-Seite auf 35 m geflutet. Der Rudermaschinenraum 2 lief voll Wasser, die Bb-Welle hatte einen Schlag und saß damit fest, das Bb-Ruder war beschädigt. Die verbogene Welle war nur in einer Werft zu reparieren, gemeinsam mit den Schäden im Vorschiff. Dieser letzte Angriffsschlag hatte die *Tirpitz* endgültig bewegungsunfähig gemacht. Man ging ab jetzt dazu über, sie in offiziellen Berichten nur noch als ,,Schwimmende Batterie' zu bezeichnen.

Vor der Verlegung nach Tromsö waren ihre Torpedosprengköpfe schon von Bord gegeben worden, desgleichen der Flugzeugtreibstoff und die gesamte Flugzeugbewaffnung und -munition. Ihre Besatzung wurde nun auch verringert, insbesondere das schiffstechnische Personal, von dem lediglich Leute zur Wartung und Instandhaltung für den für die Turbogeneratoren erforderlichen Kesselbetrieb und sonstige Dienste an Bord verblieben.

Das Ende

Das Auffüllen des Loches unter der *Tirpitz* begann am 2. November. Am Abend des 11. November war die Arbeit zur Hälfte ausgeführt.
Die zahlreichen Fehlwürfe am 29. Oktober hatten die Konturen der Umgebung des Liegeplatzes verändert, und das tatsächliche Aussehen hätte der Beachtung bedurft.
Kurz nach Mitternacht des 12. November 1944 starteten 29 ‚Lancaster' der 9. und 617. Staffel von Lossiemouth, um ihren dritten Angriff durchzuführen. Der Anflug wurde in keiner geschlossenen Formation gemacht. Die Flugzeuge flogen einzeln in Norwegen ein, indem sie Tromsö von Süden anflogen und wobei sie deutlich den Vorteil in Anspruch nahmen, die bekannten Radarstationen und deren Ortungsbereich zu umgehen.
Die erste Maschine wurde der *Tirpitz* etwa um 0800 Uhr gemeldet. Sie hatte um 0738 Uhr die Küste nahe Mosjoen überflogen. Die Meldung traf um 0815 Uhr ein und der Luftlageoffizier informierte die Luftwaffe in Bardufoss, denn ein Angriff war wahrscheinlich. Aber der Kommandeur der dortigen Luftwaffeneinheit gab keine Starterlaubnis. Die Bomber trafen sich im Südosten von Tromsö, zwischen 0830 und 0845 Uhr. Sie wurden vom Radar der *Tirpitz* erfaßt, als sie in kleinen Gruppen anflogen. Die Höhe lag zwischen 3270 m und 5000 m. Der erste Kontakt war um 0905 Uhr, als die ‚Lancasters' immer noch 75 Meilen Abstand hatten. Das Schiff hatte seit 0900 Uhr Gefechtszustand, aber der angeforderte Jagdschutz blieb bis 0915 Uhr ohne Antwort. Dann meldete Bardufoss, daß keine Starts erfolgen könnten, da ‚Lancasters' den Platz überflögen. Zehn Minuten später meldete Bardufoss, daß ein Jäger gestartet sei und daß weitere folgen würden. Kein Jagdflugzeug wurde je gesehen. Um 0927 Uhr wurde die erste Bombergruppe etwa 25

Meilen in Südost gesichtet. Kein Nebelgenerator an Bord des Schiffes war in Betrieb und die Landanlagen waren nicht so wirksam, als sie es im Falle des Kaafjord gewesen waren. Sie reichten nicht aus, der *Tirpitz* den notwendigen Schutz zu geben.
Die Türme ‚A' und ‚B' der 38 cm-Artillerie eröffneten um 0938 Uhr das Feuer auf die in 13,5 Meilen anfliegenden ‚Lancaster'. Die 15 cm- und 10,5 cm-Geschütze fielen bei einer Entfernung von 9,5 Meilen in das Abwehrfeuer ein. Das beeinträchtigte jedoch nicht den Anflug, und die sich immer mehr zusammenschließende Formation kam ihrem Ziel näher.

Die erste von Wing Commander Tait geführte Gruppe ‚Lancasters' löste um 0941 Uhr ihre Bomben und erzielte zwei direkte Treffer, einen Bb von Turm ‚B' und den anderen mittschiffs an der Bb-Seite. Letztere passierte den Katapultunterbau und detonierte über dem Bb-Kesselraum, als sie durch das Panzerdeck drang. Die Wirkung des Treffers neben dem Turm ist nicht genau bekannt, aber die andere Bombe rief ein Loch in der Außenhaut hervor, das vom Schlingerkiel bis zum Oberdeck reichte. Es hatte eine Länge von 14 m und betraf auch das Torpedoschott und die Panzerung. Kesselraum Bb 1, Kesselraum Mitte, Turbinenraum Bb wurden überflutet und riefen eine Schlagseite von 15° bis 20° Bb hervor. Ein Nahtreffer im Bereich der Back erweiterte die dortigen Schäden zwar, war in diesem Falle aber unerheblich. Während der folgenden drei Minuten traf eine dritte 5454 kg-Bombe die Bb-Seite seitlich des 15 cm-Turms Bb III. Ein anderer Nahtreffer fiel neben dem 15 cm-Turm Bb II ins Wasser. Die letztere Bombe schlug den Kesselraum Bb 2 leck, das Magazin und die Munitionskammer der 15 cm Bb II. Ein weiterer Treffer schlug das Magazin und die Munitionskammer der 15 cm Bb III, den Kreiselkompaßraum und einen Lüfterraum leck.
Nun waren 67 m der Bb-Mittschiffssektion der Tirpitz geflutet, und zwar vom Doppelboden bis zur Wasserlinie, die zu diesem Zeitpunkt bereits die Oberkante des Oberdecks bildete, als sich das Schiff auf 40° legte.
Gegen 0945 Uhr, als das Schiff diese Krängung einnahm, befahl der Kommandant KptzS Junge, die unteren Decks zu räumen. Obgleich es auch bei der schweren Flak zu umfangreichen Personalverlusten gekommen war und trotz der großen Schäden schossen die Stb-Türme und -geschütze immer noch, desgleichen die automatischen Waffen. Aber die ‚Lancaster' befanden sich außerhalb der Reichweite. Die Schlagseite nahm immer mehr zu und hatte um 0950 Uhr etwa 70° erreicht. Durch den Nahtreffer am 15 cm-Turm Bb III war auch ein Brand entstanden, der das Magazin des Turms ‚C' erreichte, und um 0950 Uhr gab es eine gewaltige Explosion, als dieser Turm in die Luft flog. Zwei Minuten später kenterte die *Tirpitz* endgültig und legte sich auf den Grund; der Winkel betrug 135°.
Wenn das Wasser so flach gewesen wäre, wie es vorgesehen gewesen war, wäre ihr Absinken gestoppt worden, die Bewaffnung, die intakt geblieben war, hätte weiter benutzt werden können.
Die Unmenge Rauch und Dampf, erzeugt von den ersten Treffern, machte das Ziel für die letzten Bombergruppen klar sichtbar. Aber mehr als die Hälfte der Bomben fiel bis zu 228 m von der *Tirpitz* entfernt nieder. Dazu gehörte auch eine, die auf die Insel Haakoy fiel. Ihr Krater beeindruckte die Deutschen gewaltig. Keine ‚Lancaster' ging verloren.
Die Verluste auf der *Tirpitz* waren groß. Trotz des Kommandantenbefehls, die unteren Decks zu räumen, war es vielen Soldaten nicht mehr möglich gewesen, das Oberdeck zu erreichen, noch bevor es — sieben Minuten später — kenterte. Einschließlich derer, die durch die explodierenden Bomben umkamen, waren es über 1000 Tote und Vermißte. Viele wurden im Schiff eingeschlossen, aber 85 von ihnen wurden durch Arbeitsgruppen gerettet, die Löcher in die Panzerplatten und den Doppelboden brannten, an der herausragenden Stb-Seite des Schiffes.
Es gab viele Kommissionen und Untersuchungen, um die Ursache des Kenterns und der großen Menschenverluste zu finden, und auch für das Fehlen des Jagdschutzes. Ein echter — und unentschuldbarer — Irrtum war die Auswahl des Ankerplatzes. Dieser führte schließlich zum Kentern und zu den hohen Verlusten, wobei letzteres nicht der Marine anzulasten ist.

Die Luftwaffe hat der *Tirpitz* nie die Unterstützung und den Schutz gegeben, den sie als „Königin des Nordens" verdient hatte.
13 Luftangriffe waren zwischen Januar 1942 und November 1944 auf das Schlachtschiff geflogen worden. 600 britische Flugzeuge — annähernd 300 der Marine und 200 der RAF — sowie unzählige Aufklärer hatten ihre verschiedenen Liegeplätze überflogen. Das einzige Flugzeug, das je von deutschen Flugzeugen angegriffen wurde, war die Fühlungshalter-‚Albacore' am 9. März 1942, der Angreifer — bzw. verteidigende Jäger — war das Bordflugzeug der *Tirpitz*. Dieses eine Schlachtschiff hat-

te seit Januar 1942 die Einsätze der Home Fleet wesentlich beeinflußt, einfach dadurch, daß es immer in den norwegischen Fjorden bereit lag. Auf Grund weit übersteigerter Vorstellungen über die Möglichkeiten eines Einsatzes war die Royal Navy gezwungen, überlegene Kräfte in den Heimatgewässern zu stationieren. Sie war sogar gezwungen, die USA um Unterstützung zu bitten (Schlachtschiffe und Flugzeugträger — *Wasp* und *Ranger*, 1942 bis 1944, sowie auch Kreuzer), und alles nur für den Fall, daß die *Tirpitz* zu einem offensiven Einsatz kam, wobei das Ergebnis zweitrangig war.
Der größte deutsche Sieg im Nordmeer — die Vernichtung des PQ 17 — wurde durch die simple Verlegung der *Tirpitz* erreicht. Was aber viel schlimmer war, die Luftwaffe beanspruchte den Erfolg für sich, und das bestärkte den Reichsmarschall Hermann Göring in seiner Einstellung, daß die Luftwaffe, die er geschaffen hatte, weder Unterstützung von irgendjemand benötigte, aber auch keine zu gewähren brauchte, z. B. der Marine, der er zudem keine eigene Luftwaffe zugestand.
Augendienerei hatte dazu beigetragen, daß nur wenig getan worden war, der Weisung Hitlers, die Luftwaffeneinheiten in Nordnorwegen entsprechend zu verstärken, nachzukommen. Auf Grund dieses Freibriefes konnten die ‚Lancaster'-Staffeln ihr Geschäft der Vernichtung mit Gründlichkeit zu Ende bringen.

Wie schon am Anfang des Buches festgestellt, wird kein Kriegsschiff in den luftleeren Raum gebaut, und die *Tirpitz* war nicht das letzte Schiff, das für die deutsche Marine in Dienst kommen sollte. Im März 1938 trat Hitler in die Fußspuren des Kaisers und beschloß eine Flotte zu bauen, die die gleiche Größe haben sollte wie die des Britischen Empire.
Der im Mai 1938 entstandene „Z"-Plan sah den Bau von sechs 56200 ts-Schlachtschiffen und drei 32300 ts-Schlachtkreuzern vor. Die letzten davon sollten 1945 in Dienst stellen. Die neuen Schlachtschiffe sollten acht 40,6 cm-Geschütze in Zwillingstürmen erhalten und waren im Grunde genommen vergrößerte Versionen der *Tirpitz*. Ihre Maximalgeschwindigkeit lag an der Grenze des noch Vertretbaren. Der Schlachtkreuzerentwurf sah eine Geschwindigkeit von 33,5 kn und eine Bewaffnung mit drei 38 cm-Zwillingstürmen vor; drei davon waren vorgesehen für die Umrüstung der *Gneisenau* und *Scharnhorst*. Der Plan selbst stand jedoch im leeren Raum, denn sein Grundgedanke war, daß es vor 1944 zu keinem Krieg zwischen Großbritannien und Deutschland kommen würde, und die Überlegenheit basierte auf dem Vergleich zwischen der geplanten deutschen Flotte und der vorhandenen britischen, einschließlich der 1937 bekanntgewordenen Neubauplanungen.
Die Royal Navy besaß ebenfalls Pläne für größere Schlachtschiffe, die jeweils neun 40,6 cm-Geschütze haben sollten, und vier davon waren für 1938 und 1939 geplant. Die Fertigstellung war für 1942 und 1944 vorgesehen. Die Aufstellung für diesen kommenden Krieg hätte dann wie folgt ausgesehen:

Deutschland	Großbritannien
6 neue Schlachtschiffe (*H* bis *N*)	4 neue *Lion*-Klasse
2 *Bismarck*-Klasse	5 *King George V*-Klasse
3 neue Schlachtkreuzer (*O* bis *Q*)	
2 *Scharnhorst*-Klasse	
entsprechend	entsprechend
48-40,6 cm	36-40,6 cm
46-38 cm	50-35,6 cm

Somit hatte die deutsche Marine mit ihren Vor- und Nach-1936er Schlachtschiffen ein scharfes Schwert, dem aber noch drei Schlachtkreuzer der Royal Navy gegenüberstanden (*Hood*, *Renown* und *Repulse*), mit zwanzig 38,1 cm-Geschützen. *Renown* war umfassend modernisiert worden, *Repulse* teilweise, und *Hood* sollte entsprechend der Planung zwischen 1940 und 1942 modernisiert werden. Falls diese Schiffe nicht genügten, waren da auch noch *Rodney* und *Nelson*, langsamer als die neuen Schlachtschiffe, aber gut bewaffnet mit neun 40,6 cm-Geschützen und stark gepanzert. Diese Schiffe, wie die mit acht 38,1 cm-Geschützen bewaffneten fünf Einheiten der *Queen Elizabeth*-Klasse und die drei der nachfolgenden *Royal Sovereign*-Klasse waren zurückgehalten worden für den Einsatz im Mittelmeer und Fernen Osten, gegen die Italiener und Japaner. Sie konnten aber ebenso effektiv zum Schutz der Handelsschiffahrt eingesetzt werden, um den Angriff von Schlachtkreuzern abzuwehren.
Der grundlegende britische Vorteil lag im 9:8-Verhältnis der angeführten Schlachtschiffe, aber auch im Besitz von Flugzeugträgern. Etwa 1944 würde die Flotte sieben moderne Träger haben, sechs davon mit gepanzerten Decks und einer Gesamtstärke von 324 Flugzeugen. Demgegenüber hatte die deutsche Marine nur zwei Flugzeugträger mit insgesamt 84 Flugzeugen vorgesehen.

Alle Planungen waren in der Konsequenz nichts mehr als Wunschträume. Von den großen Schlachtschiffen wurden nur zwei deutsche und zwei britische auf Kiel gelegt, die 1940 bzw. 1944 aufgegeben wurden, die ersteren, weil der Mangel an Fachkräften und Material in den überbeanspruchten Werften dazu zwang.

Die deutschen Schlachtkreuzer wurden nie auf Stapel gelegt, aber einer der Flugzeugträger bis zur Flugdeckhöhe fertiggestellt. Auch der andere befand sich in Bau, aber die Arbeiten wurden im Frühjahr 1940 eingestellt.

Alle sechs britischen Flottenträger des 1936/39er-Programms wurden gebaut, fünf davon waren an Unternehmungen gegen die *Tirpitz* beteiligt.

Es hat wenig Sinn darüber zu spekulieren, was passiert wäre bei einem Kriegsausbruch, wenn die Pläne von 1938 verwirklicht worden wären. Mit mehr vorhandenen Schiffen wäre es Hitler möglich gewesen, der SKL zu erlauben, gegenüber der britischen Flotte etwas aggressiver zu werden. Dem Wunsch der beiden Marineführungen hätte es zweifellos entsprochen, eine Art Skagerrakschlacht zu wiederholen, aber das wäre nur ein Schlagabtausch gewesen anstelle der drei Aktionen, die den Deutschen drei und den Briten ein Großkampfschiff kosteten.

In dem Krieg, der ausgefochten wurde, waren Hitler und die SKL über den Einsatz der verfügbaren Kampfgruppen unterschiedlicher Meinung, außer in einer einzigen Periode 1943 in Norwegen. Das Ergebnis war, daß *Bismarck*, *Tirpitz* und *Scharnhorst* einsam starben. Gemeinsam hätten sie vielleicht überlebt und militärisch eine gewichtigere Rolle gespielt in der Herausforderung der alliierten Seemacht, anstatt es bei den bloßen Versuchen, ihre zeitweise Aufmerksamkeit auf sich zu lenken, zu belassen.

Stellenbesetzung der *Tirpitz*)*

Kommandant
2/1941 — 2/1943 KptzS Karl Topp
2/1943 — 5/1944 KptzS Hans Meyer
5/1944 — 11/1944 KptzS Wolf Junge
11/1944 (i. V.) KptzS Rober Weber

Erster Offizier (I. O.)
2/1941 — 10/1942 FKpt Paul Friedrich Düwel
10/1942 — 8/1943 KptzS Heinz Assmann
8/1943 — 5/1944 KptzS Wolf Junge
5/1944 — 11/1944 KptzS Robert Weber

Nachrichtenoffizier (N. O.)
2/1941 — 5/1941 KKpt Werner Köppe
5/1941 — 3/1942 KKpt Gerhard Bidlingmaier
3/1942 — 2/1944 KKpt Kuno Schmidt
2/1944 — 4/1944 KKpt Hugo Heydel
4/1944 — 9/1944 FKpt Hans-Henning v. Salisch
9/1944 — 11/1944 KKpt Gerfried Brutzer

Erster Artillerieoffizier (1. A. O.)
2/1941 — 9/1943 FKpt Robert Weber
9/1943 — 11/1944 KKpt Willi Müller

Leitender Ingenieur (L. J.)
2/1941 — 10/1942 FKpt (Ing) Oskar Stellmacher
10/1942 — 9/1943 FKpt (Ing) Paul Steinbichler
9/1943 — 11/1944 FKpt (Ing) Alfred Eichler

*) Vom Übersetzer angefügt.

Karten- und Skizzenteil

Skizzen von Chris Brown

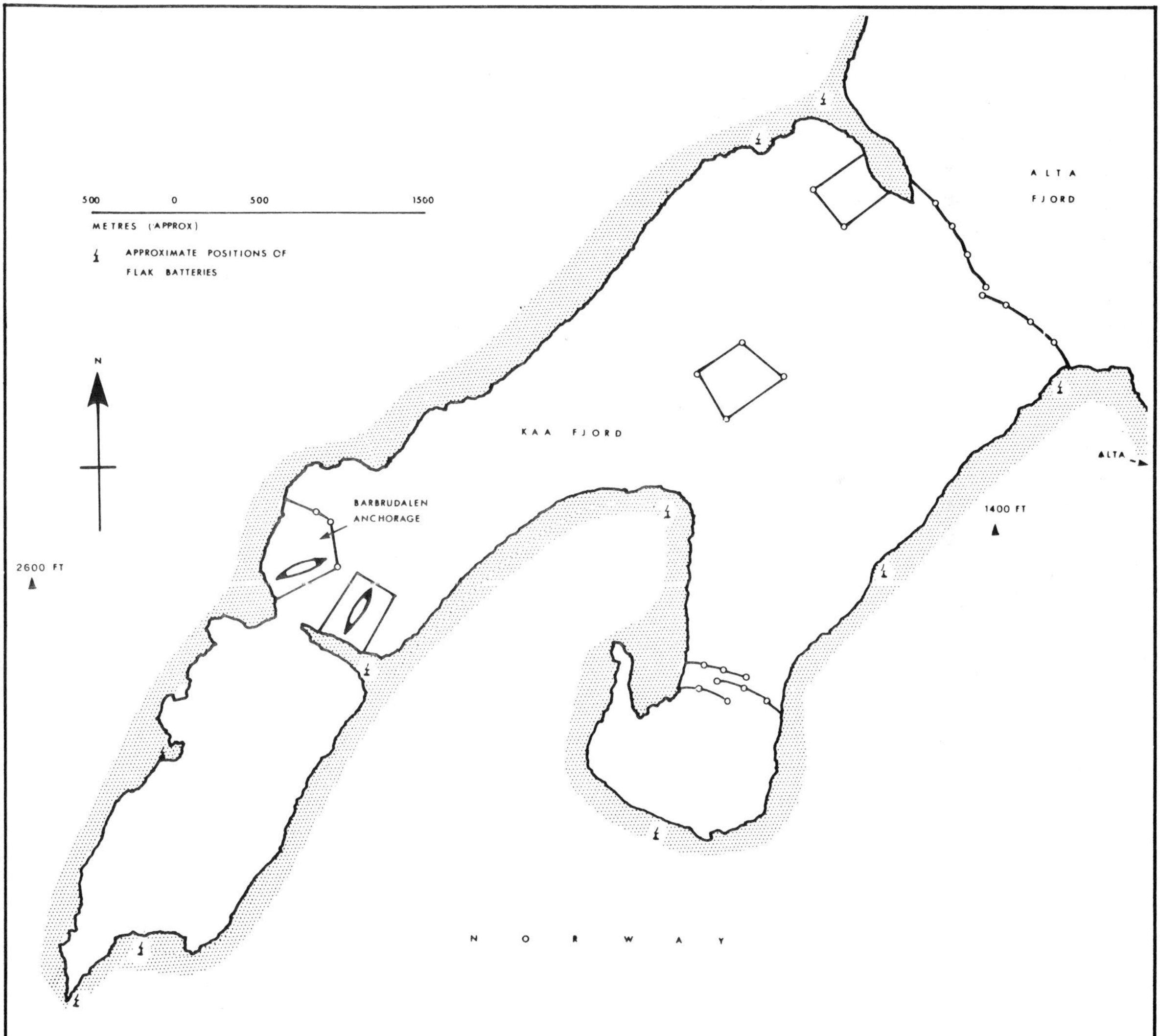

Die Ankerplätze im Kaa-Fjord

Erläuterungen zum Karten- und Skizzenteil

Air Attacks	= Luftangriffe
Anchorage	= Ankerplatz
Approximate Positions of Flak Batteries	= Vermutete Flakstellungen
Approx. extrem ice limit	= die ungefähre äußere Eisgrenze (Aug/Sept)
Approx. mean ice limit	= durchschnittliche Eisgrenze (April)
Avenger	= brit. Geleitträger
British Submarine	= brit. Uboot
‚Catalina'	= alliierter Flugzeugtyp
Crossover Patrol	= überdeckender Suchstreifen
from Sullom Voe	= aus Sullom Voe (Flugplatz/Standort)
German Air Striking Force	= Deutsche Luftstreitkräfte (Kampfverbände)
German Destroyers	= Deutsche Zerstörer
‚Hampden'	= brit. Flugzeugtyp
Home Fleet	= Heimatflotte (brit.)
Home Fleet Destroyers	= Zerstörer der Heimatflotte

Operation ‚Sportpalast'

Am 8. März 1942 bis 0400 Uhr

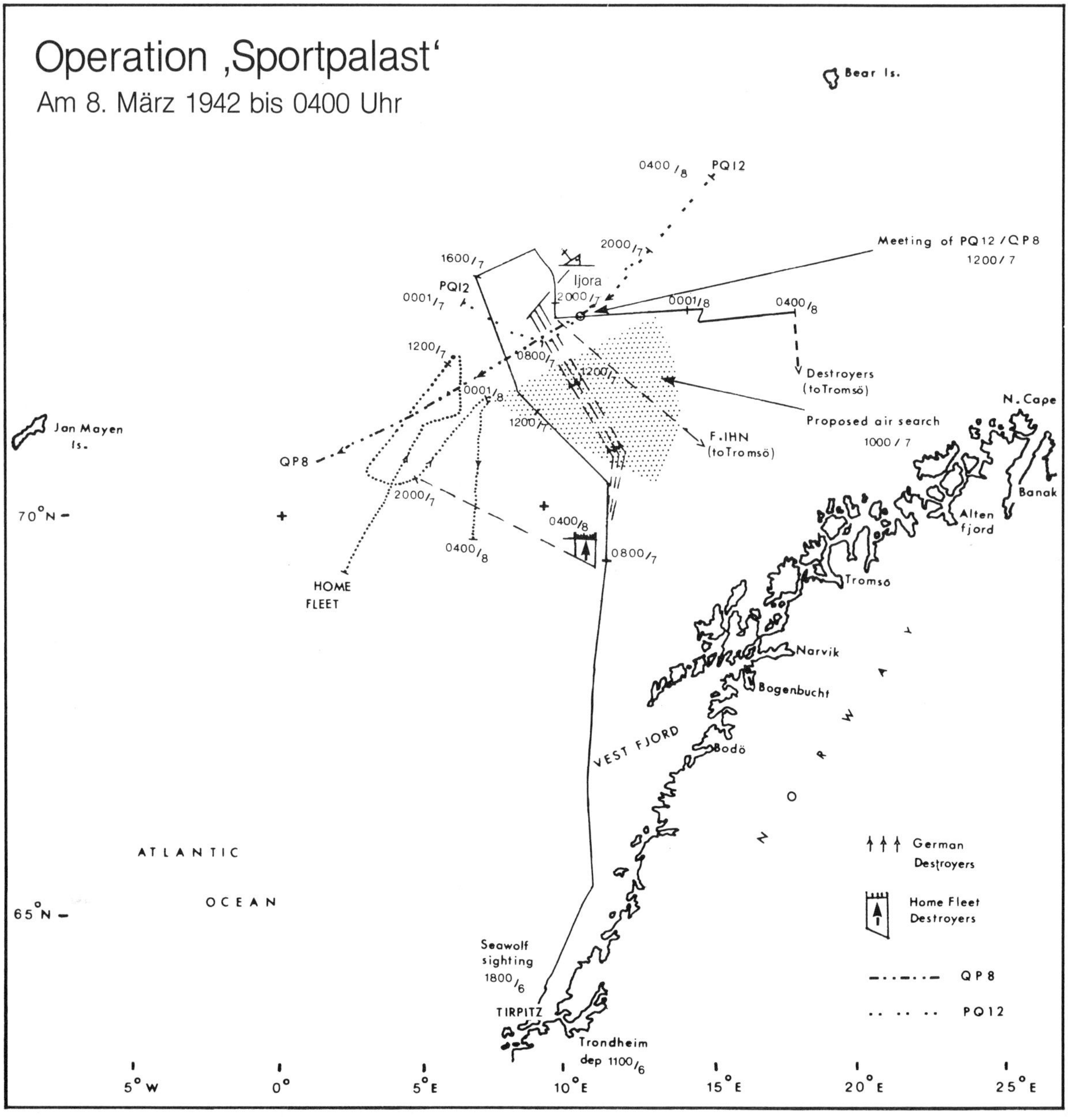

H. Q. G. A. F.	= Hauptquartier der deutschen Luftflotte (in Norwegen/Finnland)	Proposed Air Search	= Vorgesehenes Suchgebiet (durch Flugzeuge)
		QP 8, QP 14	= Geleitzüge von Murmansk
left	= verläßt/dreht ab	*Seawolf*	= brit. Uboot
Meeting	= Begegnung/Treffpunkt	sighting	= Sichtung/Wahrnehmung
Normal Range	= normale Reichweite	Sweep	= Suchstreifen
Ordered to scatter	= Auflösungs-/Zerstreuungsbefehl	to Tromsö	= Kurs Tromsö
		60 N	= 60 Grad nördlicher Breite
Patrol Line	= Überwachungslinie	20° E	= 20 Grad östlicher Breite
PQ 12, PQ 17, PQ 18	= Geleitzüge nach Murmansk	5° W	= 5 Grad westlicher Länge

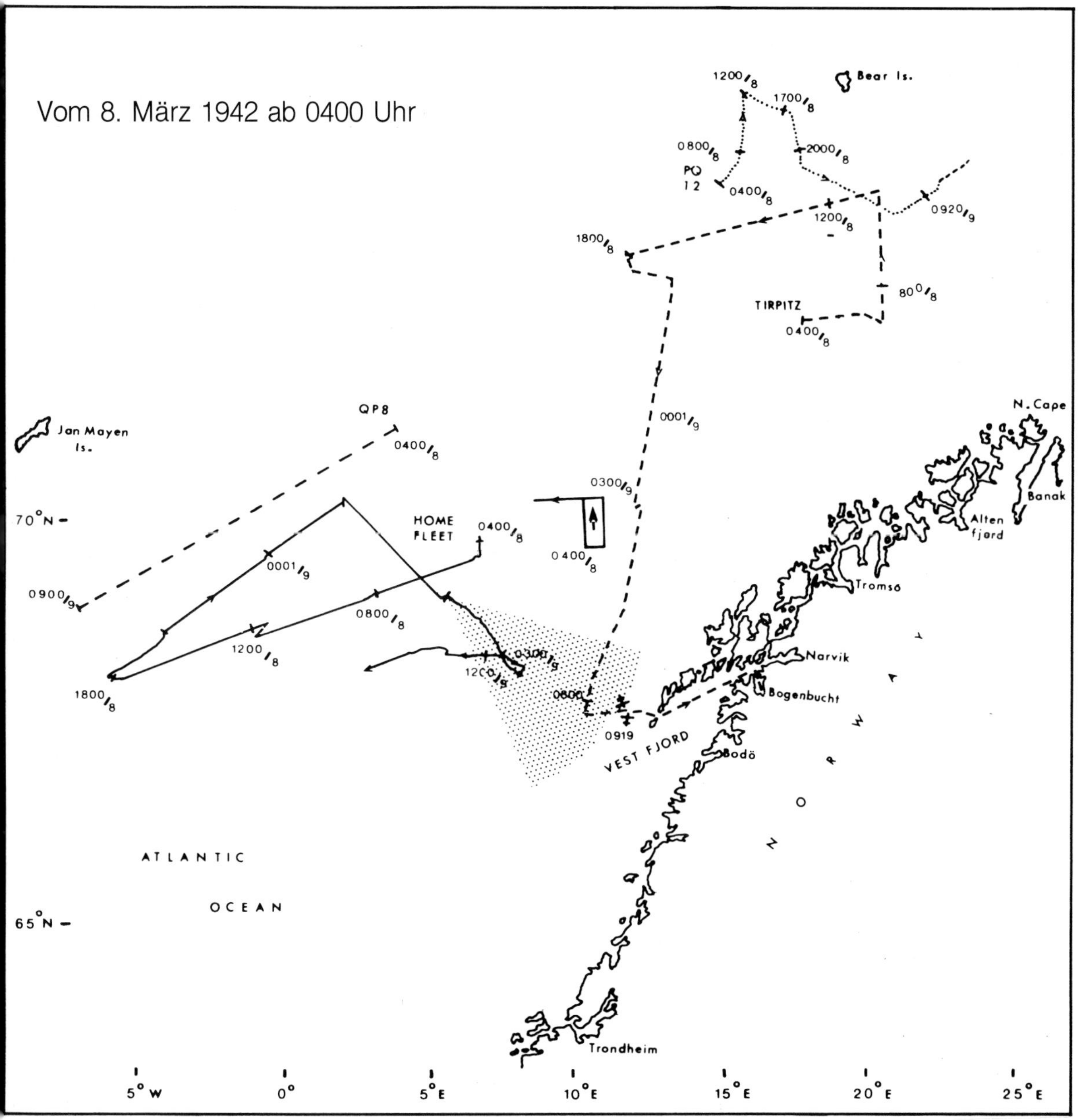

Geleitzug-Operation am PQ 17, PQ 18 und QP 14

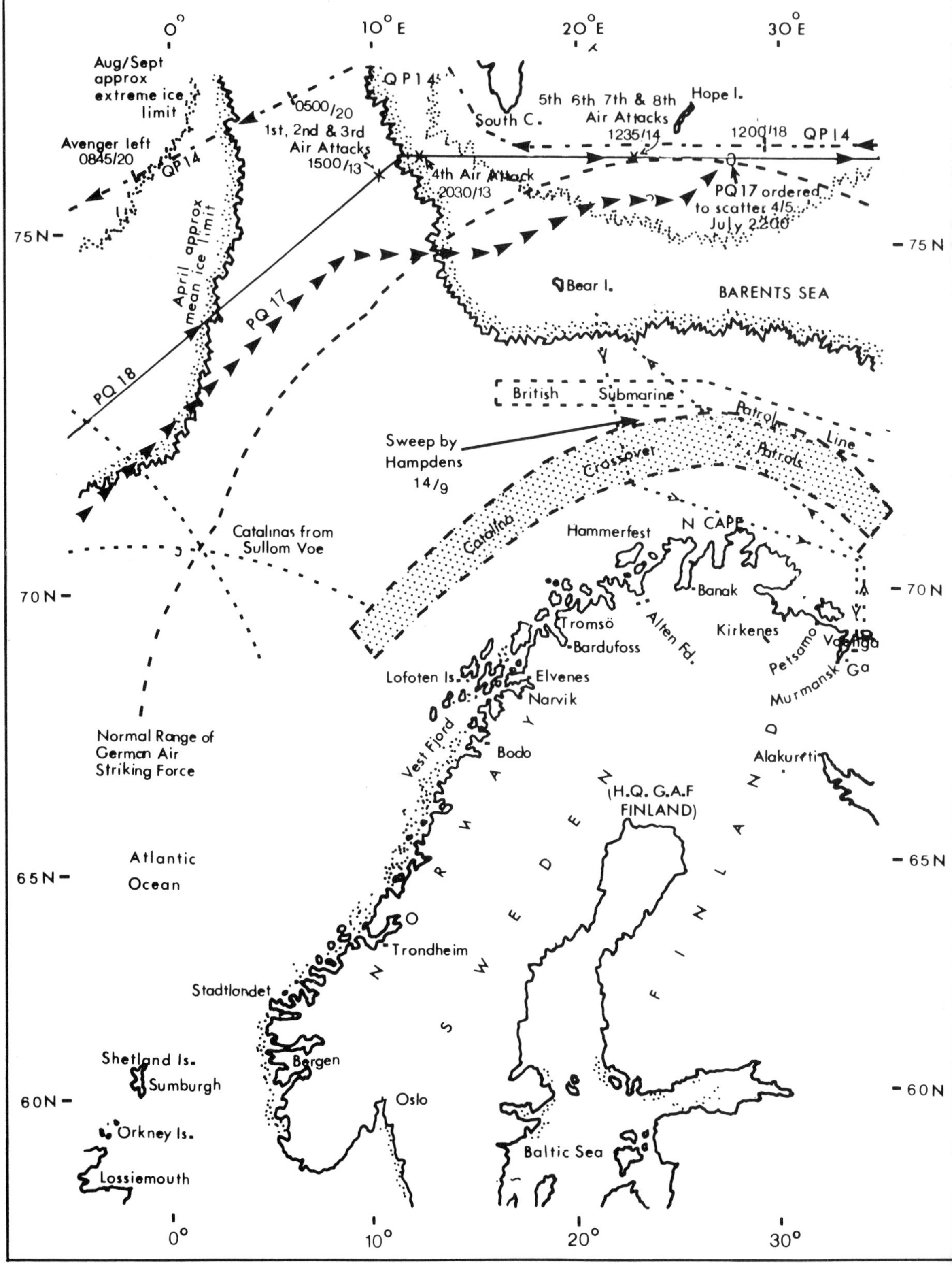

2

3

4

2. Aussehen der *Gneisenau* und ihres Schwesterschiffes *Scharnhorst* nach der Indienststellung.

3. Nach ihrer ersten gemeinsamen Atlantikunternehmung Anfang 1939 wurde der Bug mit betontem Deckssprung verlängert und der Einzelschornstein mit einer nach achtern abgeschrägten Schornsteinkappe versehen. Die Oberkante des 32 cm starken Gürtelpanzers, der sich zwischen Turm ‚A' und ‚C' erstreckt, hebt sich deutlich vorn und achtern ab.

4. Die 38 cm-Geschütze der *Richelieu* wurden unüblicherweise in zwei Vierlingstürmen auf dem Vorschiff zusammengefaßt. Dagegen ist ihre 15,2 cm-Mittelartillerie hinter dem großen Einzelschornstein konzentriert. Das Schiff war gerade für die See-Erprobungen fertiggestellt, als die deutsche Armee Frankreich überrannte.

5. *Littorio* vor Sizilien am 10. September 1943 nach der Übergabe. Sie wurde im August 1940 fertiggestellt. Zu jener Zeit wurde das Breitseitgewicht ihrer Hauptbewaffnung (neun 38,1 cm-Geschütze) nur von zwei britischen Schlachtschiffen übertroffen, die aber um wenigstens 5 Knoten langsamer waren — *Nelson* und *Rodney*.

5

6

7

nglands *King Georg V*-Klasse sollte ursprünglich mit zwölf 35,6 cm-Geschützen bewaffnet werden. Um unterhalb der Vertrags-
nze von 35 000 t zu bleiben, wurde die Hauptbewaffnung auf zehn Geschütze in zwei Vierlingstürmen und einem Zwillingsturm
uziert. Wie in dieser Ansicht der HMS *Duke of York* zu erkennen, waren die Aufbauten in zwei kompakten Inseln gruppiert, die
der Katapultanlage für Bordflugzeuge getrennt wurden. Daraus ergab sich eine untersetzte Erscheinungsform, die im Kontrast
den bei anderen Marinen bevorzugten Turm- oder Pyramidenstrukturen stand.

ismarck, das kurzlebige Schwesterschiff der *Tirpitz*, kurz nach ihrer Indienststellung im Herbst 1940.

ie letzte Klasse der in Dienst gestellten 35 000 ts-Schlachtschiffe war die *North Carolina*-Klasse der US-Marine, deren Typschiff
August 1941 in Dienst kam. Obwohl mit neun 40,6 cm-Geschützen in drei Türmen bewaffnet, war sie verhältnismäßig leicht ge-
zert. USS *Washington* versah während des Frühjahrs und Sommers 1942 ihren Dienst bei der britischen Home Fleet.

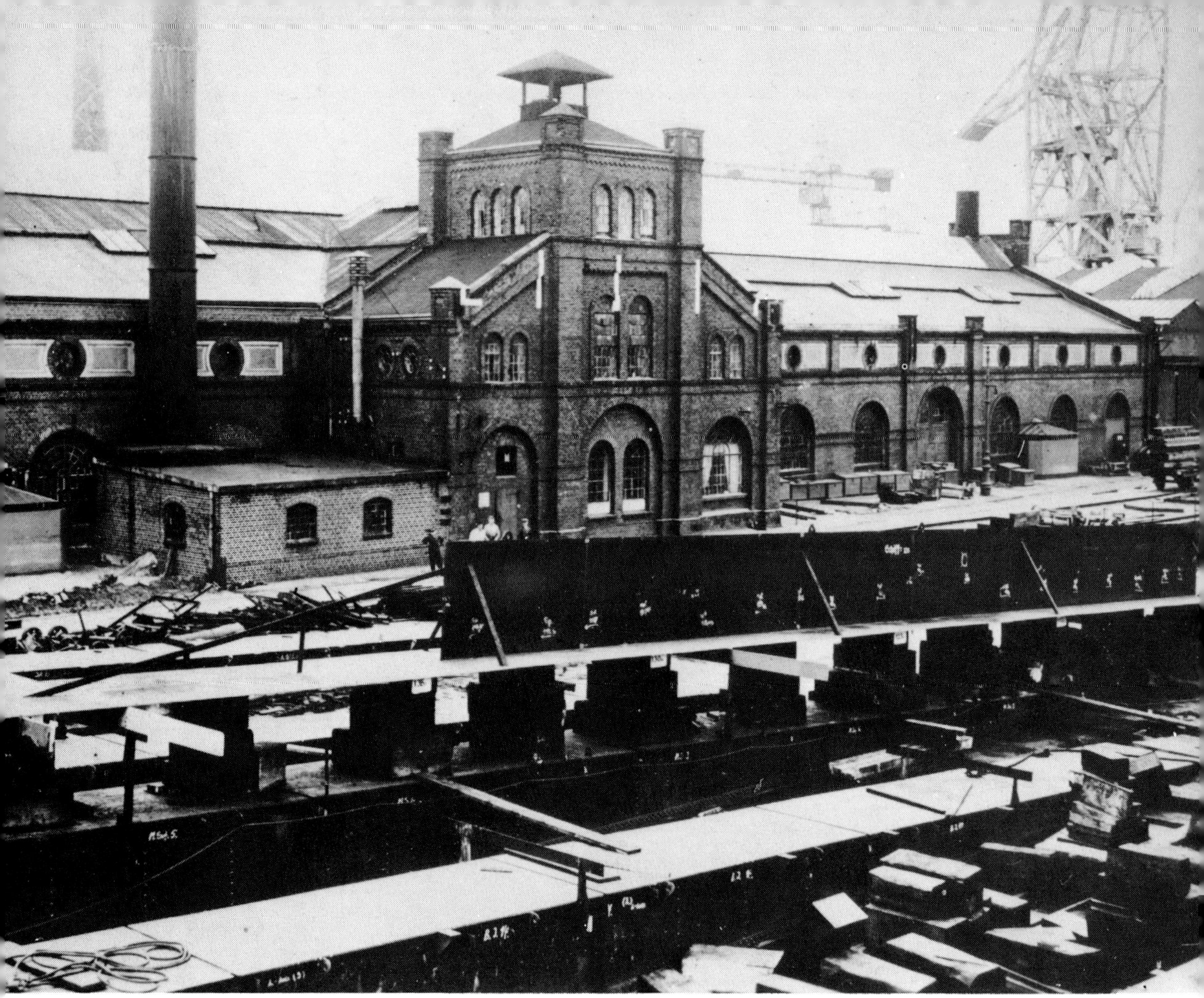

9

9. Kiellegung am 3. Oktober 1936 auf der Kriegsmarinewerft in Wilhelmshaven.

10. Arbeiter der Kriegsmarinewerft bei der Ansprache eines hohen Marinebeamten nach der Kiellegung (3. Okt. 1936).

11. *Tirpitz* mit fertiggestelltem Hauptpanzerdeck. Die Barbetten der 38 cm-Türme ‚A' und ‚D' sind bis zur Oberdeckshöhe hochgezogen, ebenso die der 15 cm-Backbord- und Steuerbord-Türme Nr. I und II. Die achteckige Öffnung im Vordergrund markiert den Sitz der Barbette ‚C'. Hinter der Barbette des 15 cm-Turmes Steuerbord II ist deutlich die Panzerböschung an der Außenseite des Maschinenraumbereiches zu erkennen.

12. Der Schiffskörper nähert sich seiner Vollendung für den Stapellauf Anfang 1939. Links im Vordergrund liegt ein Zerstörer der *Leberecht Maass*-Klasse im Trockendock.

12

13

14

13. Der Führer erscheint am 1. April 1939 in Wilhelmshaven zur Stapellauf-Zeremonie.

14. Beim Betreten der Stapellauftribüne in der Kriegsmarinewerft erhält Hitler die Meldung des Werftdirektors.

15. Die Schiffstaufe wurde von Frau von Hassel vorgenommen, der Enkelin von Tirpitz und Frau eines führenden Diplomaten. Nach anfänglichem Zögern erklärte sie sich trotz Abneigung gegen das Hitler-Regime zur Schiffstaufe bereit.

16. Die Champagnerflasche klatscht gegen den Bug. Zwei Werftangehörige enthüllen das Schiffswappen.

17. Technische Panne: Der Champagner ist verflossen, aber das Schiff rührt sich nicht.

15

16

17

18

18. Schließlich gibt die *Tirpitz* nach und setzt sich unter dem Gruß der Zuschauer in Bewegung.

19. Der Stapellauf von einem Standort auf der anderen Seite des Hafenbeckens aus gesehen.

20. 1. April 1939: Schlepper machen sich gleich nach dem Stapellauf daran, die *Tirpitz* herumzudrehen.

19

20

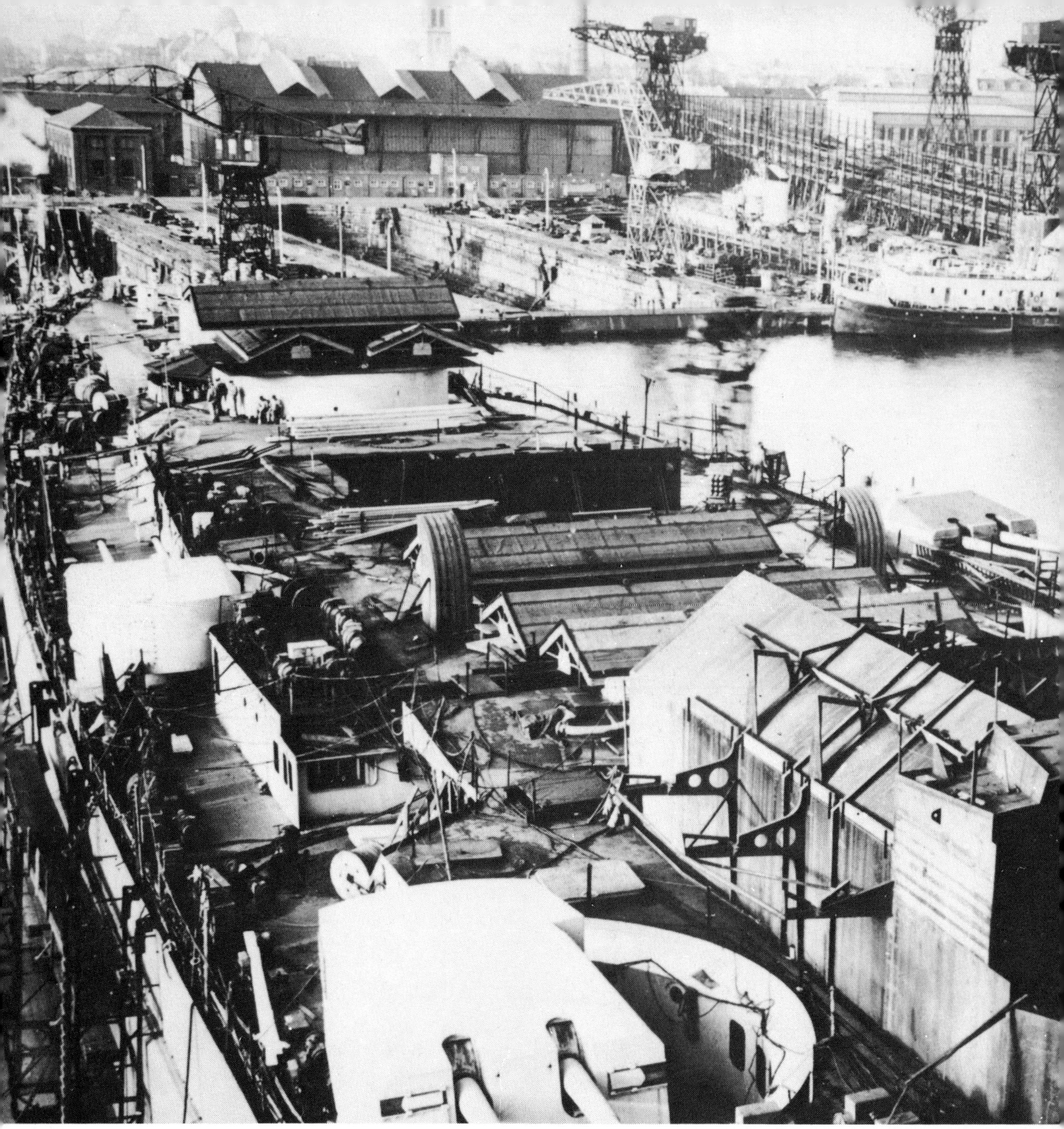

21

23 24

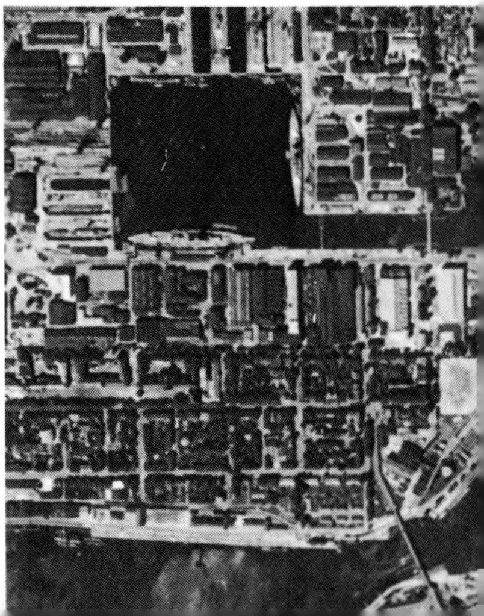

22

21. Ausrüstungsphase: Die Aufbauten nehmen langsam Gestalt an. Der Aufbau mit dem gewölbten Dach unmittelbar neben dem nächsten 15 cm-Turm ist der vordere Steuerbordhangar für die Bordflugzeuge, der seitlich und auf dem Dach Bootswiegen trägt. Die kreisförmige Öffnung vor dem Hangar soll den Steuerbord-Flakleitstand aufnehmen. Das Schiff, das sich auf der früheren Helling der *Tirpitz* im Bau befindet, ist bisher nicht eindeutig identifiziert worden. Möglicherweise handelt es sich dabei um den später eingestellten Neubau des Leichten Kreuzer ‚N'.

22. Der an einer anderen Stelle der Werft vorgefertigte Schornstein wird nun in seine Position gehoben. Während der Außenmantel noch fehlt, sind die Plattformen für Scheinwerfer und leichte Flak bereits angebracht. Beachte die Panzerstärke der Barbette von Turm ‚C'.

23. Nach Installation der Türme scheinen *Tirpitz* nur noch die 38 cm-Geschütze und die Waffenleitgeräte zu fehlen.

24. *Tirpitz* durch die Kameralinse eines RAF-Aufklärers gesehen. Sie liegt während des Sommers 1940 im rechtwinkligen Ausrüstungsbecken der Kriegsmarinewerft, der Bug zeigt zur Ausfahrt. Der Leichte Kreuzer *Nürnberg* liegt rechtwinklig dazu im gleichen Becken. Ferner sind zwei Zerstörer anwesend, einer gegenüber der *Tirpitz* und ein anderer im Trockendock unmittelbar hinter ihr.

25./26. Die 38 cm-Geschütze C/34 mit 47 Kalibern Rohrlänge werden zum Einbau an Bord der *Tirpitz* aus ihren Lagerböcken gehoben. Wie alle großkalibrigen Geschütze jener Zeit wurden diese von der Fa. Krupp gebaut. Sie war die einzige deutsche Geschützfabrik, die über die zur Herstellung derartiger Waffen notwendigen speziellen Einrichtungen verfügte.

27. Die vollgestopften Brückenaufbauten der *Tirpitz* stehen im Gegensatz zur klotzigen Erscheinung einiger britischer Schlachtschiffe und zum klaren Kommandoturm amerikanischer Schlachtschiffe der gleichen Periode. Man beachte den unbedeckten Scheinwerfer auf dem Schornsteinpodest und das Leitgerät der schweren Artillerie, das die Funkmeßantenne tragen soll.

25

26

27

28

30

31

28./29. *Tirpitz* wurde am 25. Februar 1941 unter dem Kommando von Kapitän zur See Karl Topp in Dienst gestellt. Dieser während der Musterung einer Division seiner Schiffsbesatzung vor der Zeremonie des Flaggenhissens.

30. Die Offiziersmesse war unter der hinteren Flugzeughalle auf dem ersten Deck untergebracht. Der falsche Decksbalken links und rechts im Bild verkleidet das übliche Labyrinth aus Rohrleitungen und Lüftungsschächten.

31. Großadmiral Alfred von Tirpitz, der Schöpfer der Kaiserlichen Deutschen Marine des Ersten Weltkrieges. Dieses Gemälde hing in der Offiziersmesse des Schlachtschiffes.

32. ,,Rührt euch'' im Schiffslazarett, einem großen, luftigen Raum direkt hinter Turm ,B'. Die einzelnen Kopfhörer und die hölzernen kardanisch aufgehängten Schwingbetten unterscheiden sich bemerkenswert von britischen und amerikanischen Gebräuchen jener Zeit: Holz wurde wegen Brandgefahr weitgehend vermieden. Ferner waren metallische Kojen in übereinandergestellten Doppelreihen in Gebrauch, um mit der Zahl der Verwundeten fertig zu werden, die bei der großen Besatzungsstärke eines Schlachtschiffes während eines Gefechtes auftreten kann.

33. Die Schiffsärzte beim Luftschnappen auf dem Achterdeck, während das Schiff auf Wilhelmshaven Reede liegt.

34. Die Schiffsapotheke mit der üblichen stattlichen Anzahl an Medikamenten, die gegen Verrutschen durch Vibrationen oder Seebewegungen des Schiffes gesichert sind.

35. Das Bordlazarett hatte sogar ein Röntgenstrahlungsgerät aufzuweisen, eine notwendige Ausrüstung im Hinblick auf den späteren, abgelegenen Liegeplatz der *Tirpitz*.

36./37./38. Die ,Zahnklempnerei' — der Zahnarzt bei der Arbeit in seinem Sprechzimmer, assistiert von einem Gehilfen der Krankenstation in einem etwas unordentlichen Päckchen. Ungewöhnlich für den Zahnarzt war die Eignung zum Taucher während des Dienstes an Bord der *Tirpitz*.

32

33

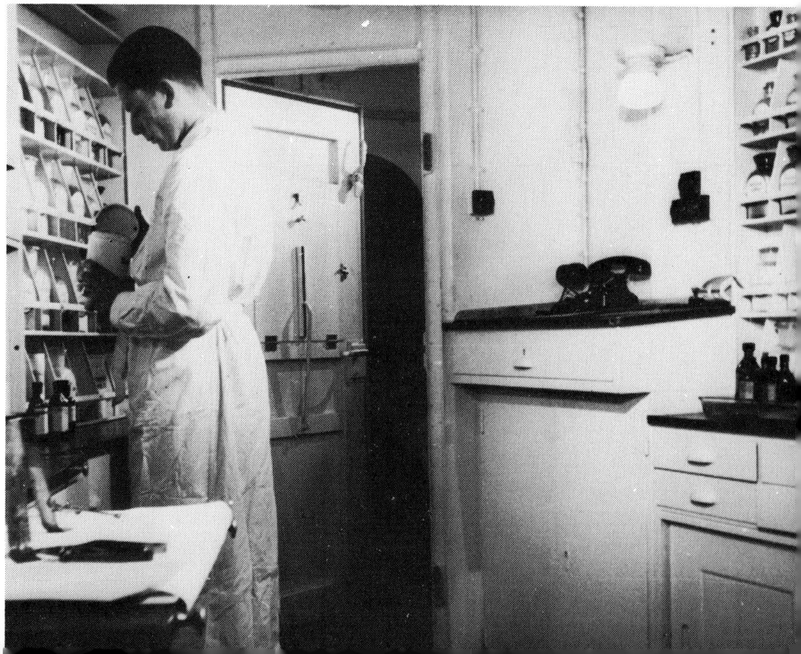

34

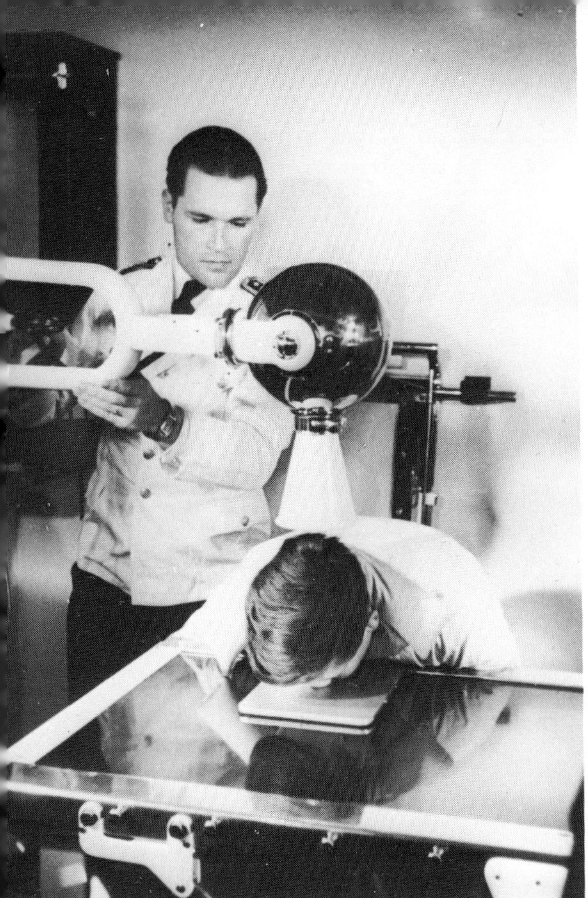

35

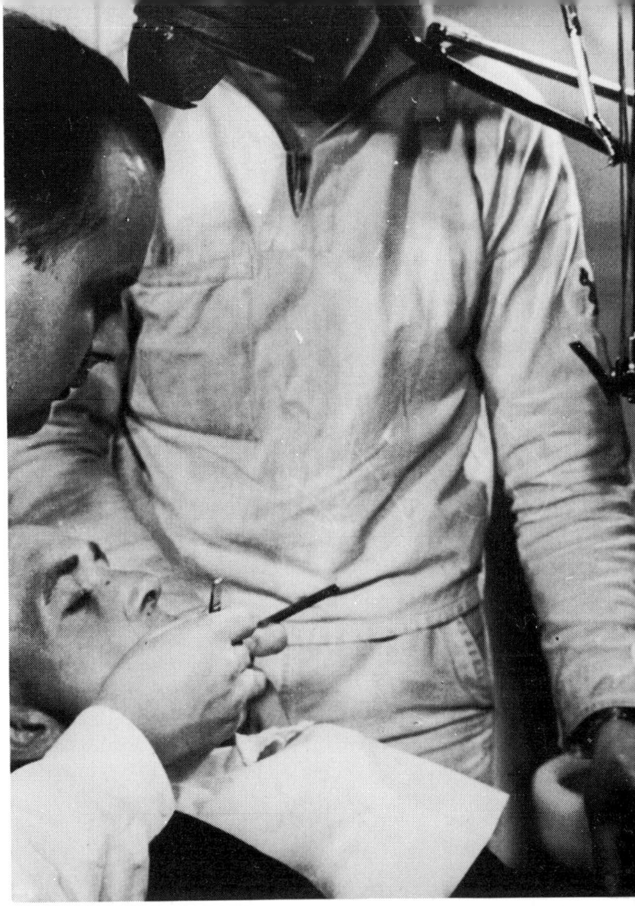

36

37

38

39. Der Leitende Ingenieur und zwei weitere Offiziere. Der Gegenstand außerhalb der Reeling ist ein Abfallbeseitigungsschacht (in der RN als ‚Wundröhre' bekannt).

40. Heizer sitzen hoch auf dem Schornsteinrand während einer Pause von der schmutzigen und ungemütlichen Arbeit zur Reinigung der Rauchgasabzüge der Kessel.

41. Der Maschinenleitstand im mittleren Maschinenraum zeigt die Drehzahlmesser der Schiffsschrauben, Maschinentelegrafen und eine Fülle von geradlinigen Anzeigeskalen anstatt der üblicheren kreisförmigen Instrumente.

42. Die Wäscherei mit einer Bügelmaschine, deren Ausmaß der Schiffsgröße angemessen ist.

39

41

40

42

43. Die Kühllast: Rümpfe von geschlachteten Tieren und sortierte Würste sind neben Fässern mit eingelegten Heringen in einem der Proviant-Vorratsräume aufgehängt.

44. Die von den Köchen zubereitete Verpflegung erscheint mager gegenüber dem großen Angebot der Kühlräume.

45. Die Bäckerei: Wie im Fall des Zahnarztgehilfens scheint die Sauberkeit der Arbeitskleidung der Umgebung nicht angemessen.

46. Der Proviantmeister probiert die Suppe.

47. Die Post erforderte eine Organisation wie in einem Kleinstadt-Postamt, um neben der Menge an routinemäßiger Dienstkorrespondenz Briefe und Pakete für und von 2000 Männern bewältigen zu können. Die Post war ein wichtiges Hilfsmittel zur Aufrechterhaltung der Arbeitsmoral an Bord.

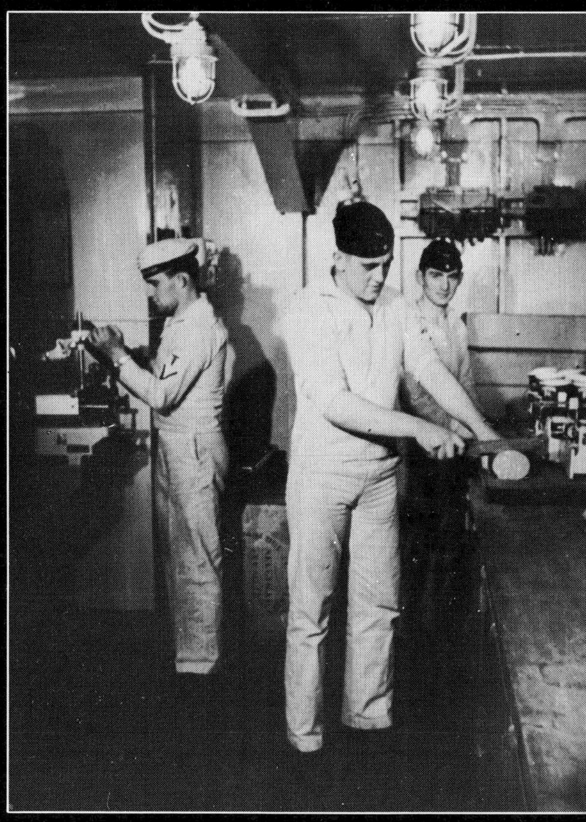

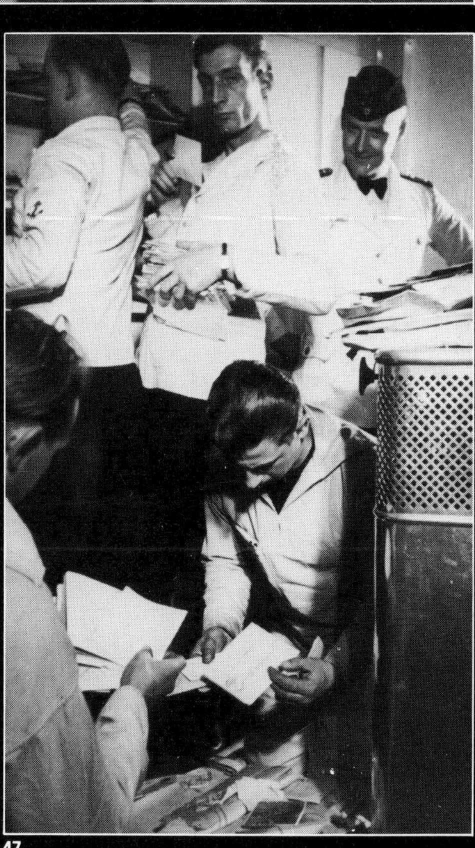

47

49

50

48. Die Bordkapelle stellt sich auf dem Achterdeck auf. Die Pauken sind mit dem Schiffswappen und der Reichskriegsflagge geschmückt.

49. Wie auf den meisten Dickschiffen hatte die *Tirpitz* eine eigene Bordzeitung, die mit der kleinen bordeigenen Druckerpresse hergestellt wurde. Im Bild werden Lettern gesetzt, rechts unten ein Seitenentwurf.

50. Das fertige Produkt — „Der Scheinwerfer“ mit der rätselhaften Schlagzeile „Lampenfieber in Gibraltar“.

51. Die Bordkantine, in der man Zigaretten, Postkarten, Schreibwaren und Groschenromane kaufen konnte, sie entsprach der RN-Naafi-Kantine.

52. Entspannung in der Mannschaftsmesse.

48

52

51

53. Kapitän zur See Topp überreicht die Auszeichnung für die tüchtigste Division, ein geschätztes, aber vielleicht unhandliches Objekt für das Verstauen in einem beengten Messe-Deck.

54. Der Wachoffizier mit seinem Kommando, dem Bootsmaat und zwei Läufern. Diese Gruppe war auf dem Achterdeck stationiert, wenn das Schiff vor Anker oder an der Pier lag und überwachte den Zugang zum Schiff und den Ablauf des täglichen Dienstes. Dieses Foto wurde aufgenommen, als das Schiff 1942 in norwegischen Gewässern weilte, offenbar während eines Luftalarms.

55./56. Proviantübernahme des Schiffes in Wilhelmshaven vor dem Auslaufen zur See-Erprobung und Ausbildung.

53

54

55

56

58

59

60

57. Endlich seeklar, legt *Tirpitz* im März 1941 in Wilhelmshaven ab und läuft aus.

58. *Tirpitz* ankert in der Jade vor ihrer Probefahrt. Unvorsichtige Bedienung der Heizölzerstäuber hat zum Ausstoß von dicken schwarzen Rauchgasen geführt. Das könnte dicke Rußablagerungen an Deck zur Folge haben oder schlimmer noch die Schiffsposition verraten.

59. Kapitän zur See Topp auf der beengten Navigationsbrücke. Hinter ihm und dem zahlreichen Personal ist der gepanzerte Kommandoturm, der Kommandostand im Gefecht.

60. Eine Ansicht der Türme ‚Caesar' und ‚Dora' der *Tirpitz* während der Probefahrten im Frühjahr 1941. Das hinterste Flakleitgerät ist noch nicht montiert und der hintere Kommandoturm nur mit einem kleinen Entfernungsmesser ausgerüstet. Vier 20 mm-Sockel sind sichtbar (an Back- und Steuerbord des Turmes ‚D' und auf dem Deck zwischen den oberen und unteren 37 mm-Flawaffen). Die entfernten Flakrohre befinden sich wahrscheinlich zur Wartung in der Werkstatt.

61. *Tirpitz* in Fahrt bei der Erprobung in der Ostsee. Obwohl die 37 mm-Flak hinter Turm ‚B' gegen Wettereinwirkung geschützt ist, sind die Rohrmündungen der schweren Artillerie nicht abgedichtet.

62. Den Ostseeschlick vom Anker abspülend, nimmt das Schiff Fahrt auf zur Tageserprobung.

63

64

63. „Können Sie mich hinten verstehen?" — eine Arbeitsgruppe wird per „Flüstertüte" angewiesen.

64. Deck-Schrubben — eine der ältesten Seemannspflichten auf Schiffen.

65./66. Ölübernahme auf See: Die Bunker der *Tirpitz* werden über den Bug aufgefüllt, wobei schwimmende Schläuche des Tankers von ihr aufgenommen und mit den eigenen Brennstoffleitungen auf der Back verbunden werden. Die Schleppmannschaft ist beim Einholen des Steuerbordschlauches vom Tanker zu sehen, während der Backbordversorgungsschlauch von der vorderen Führung der Ankerkette gestützt wird.

65

66

67

67. *Tirpitz* beim Auslaufen. Deutlich sieht man die Einzelheiten der klappbaren Brückennockverlängerung, die zur Steuerung eines Schiffs dieser Breite unter erschwerten Bedingungen notwendig ist. Ferner die Funkmeß-Matratze.

68. Das Brückenpersonal wird durchnäßt, als das Schiff quer zu Wind und Seegang fährt. Links unten ist binnenbords das Ende der geöffneten Brückennockverlängerung zu erkennen.

69. Die Briten wußten, daß die *Tirpitz* in der Ostsee eingefahren wurde. Deshalb wurden die drei großen Hafenstützpunkte in Kiel, Danzig und Gotenhafen regelmäßig von Luftaufklärern fotografiert. In dieser Luftansicht von Kiel hat die Kamera nicht nur die *Tirpitz* erfaßt, sondern auch drei U-Boote des Typs ‚VII' (links), ein 85 m langes Hilfsfahrzeug längsseits der Pier und zwei Schwimmdocks (oben rechts).

70. Seltener war eine Aufnahme der *Tirpitz* auf See. Die Schwierigkeit, sie so weit entfernt vom Stützpunkt des Aufklärungsflugzeuges auszumachen, und die Wahrscheinlichkeit von Bewölkung in der Suchzone verringerten die Chancen für einen derartigen Schnappschuß.

68

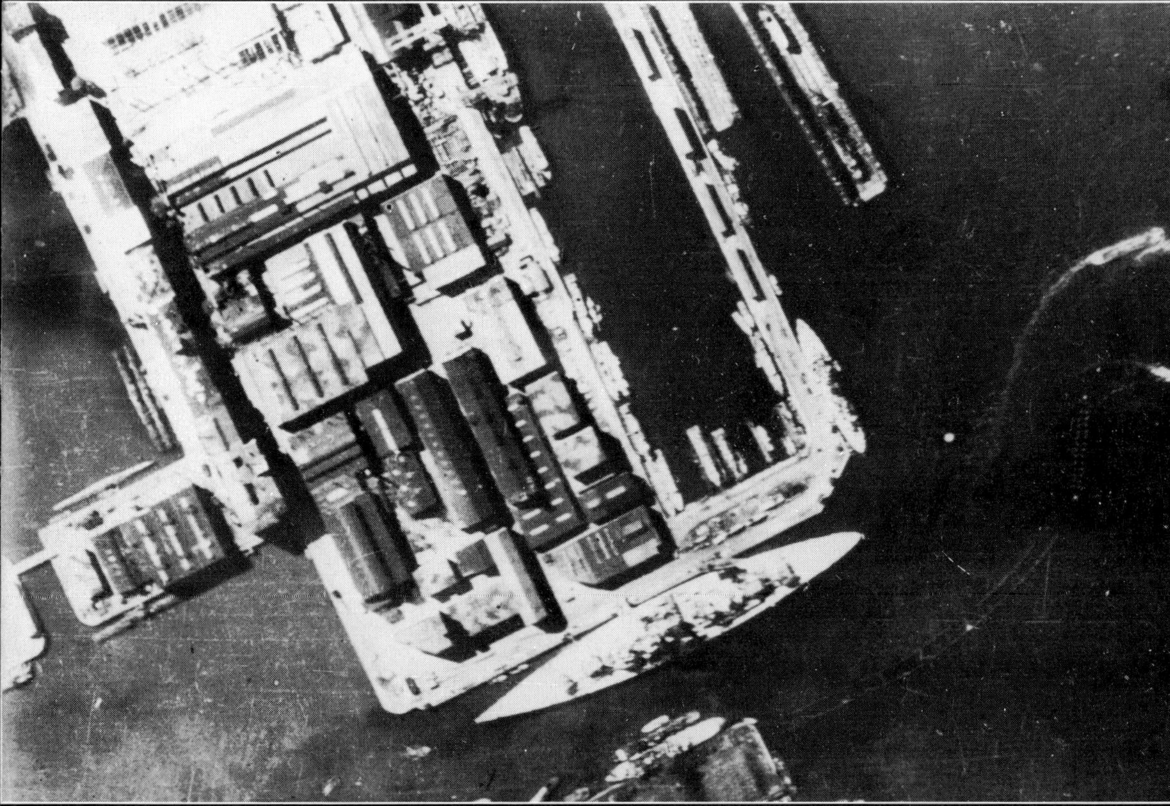

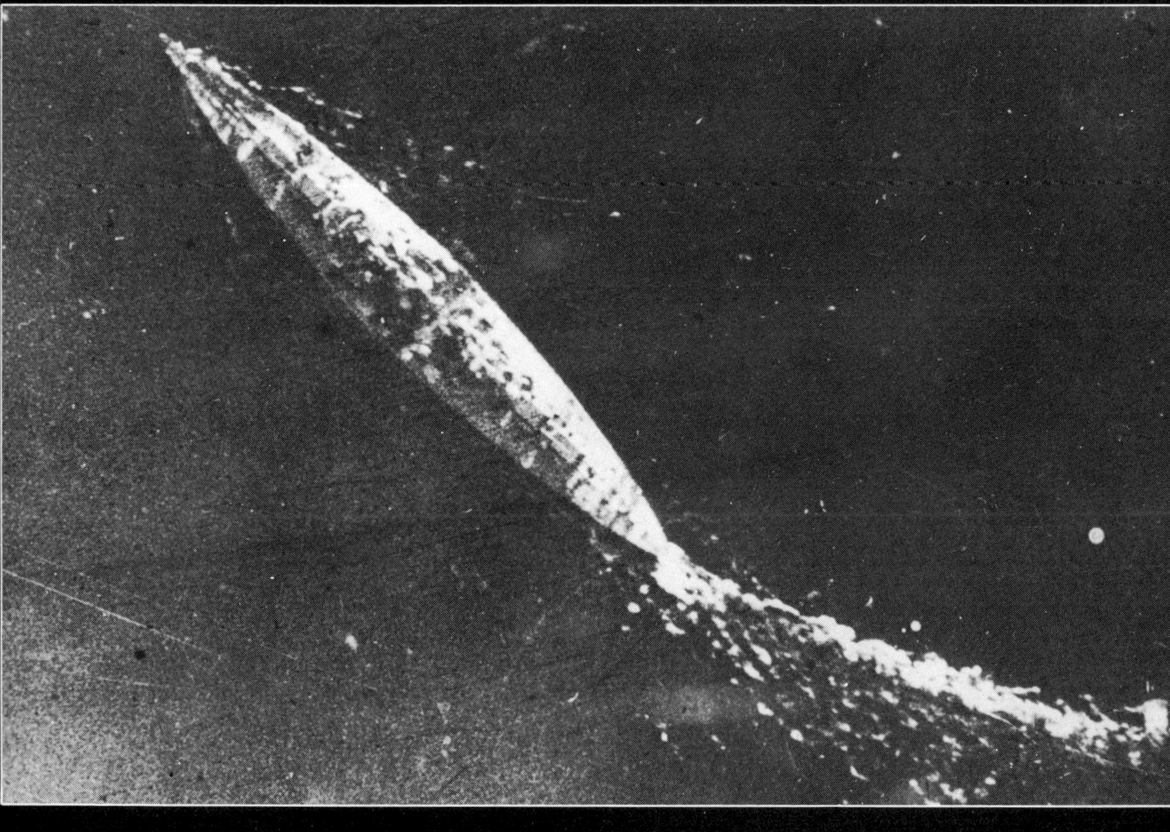

71

72

73

74

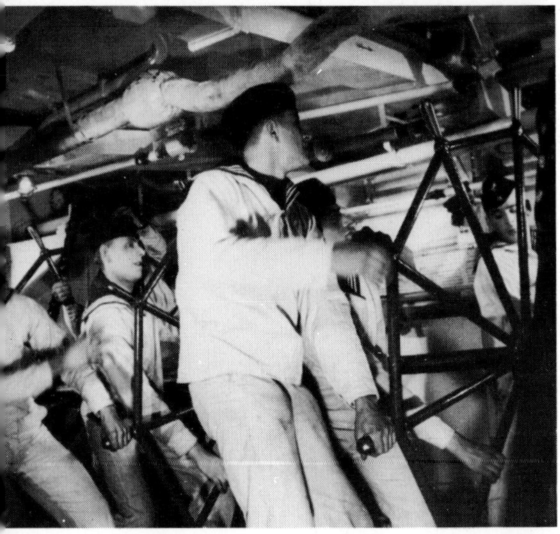

77

71./72. *Tirpitz* konnte unterdessen fast ungestört von Über- oder Unterwasserangriffen bis zum 21. Juni 1941 eingefahren werden. Zudem war die Gefahr aus der Luft unbedeutend. Das Schiff konnte also für seemännische Übungen gestoppt werden, wie z. B. beim Zuwasserlassen und Wiedereinholen der Beiboote. Das Boot scheint nicht mit einer Patent-Auskupplungsvorrichtung ausgerüstet zu sein, so daß das gleichzeitige Freikommen von den Taljen von der Koordination zwischen den Bedienungsmännern in Bug und Heck abhängt.

73./74. Fahrten mit dem Ottergerät, einem kombinierten Gerät, das einen vom Steven herabgelassenen Draht spannte, um Haltetaue von Grundminen abzuweisen. Auf diese Weise angegangene Minen konnten unmöglich gegen die Bordwand zurückschwingen. Wenn das Haltetau dabei nicht durchtrennt worden ist, wurde die Mine von der am Abweiserdraht befestigten Anti-Minen-Sprengladung zerstört.

75. Wie die meisten Dickschiffe führte die *Tirpitz* einige Wasserbomben mit sich, in erster Linie als ‚Schreckschuß'. Das Abwurfgerät dafür wurde gleichfalls während des Einfahrens getestet. Durch die Unterwasserexplosion schäumt das Wasser auf. Im Vordergrund die kräftige Winkelstütze des Flaggstocks.

76. Um das richtige Verhalten der Besatzung bei Gefechtsschäden oder bei normalen Störungen sicherzustellen, mußten immer wieder Übungen dieser Art durchgeführt werden. Die Steuerung eines 45 000 t-Schlachtschiffes von Hand war keine Aufgabe für Leichtgewichtige.

77. Pause — Mitglieder der Vorderdecksmannschaft.
Die 20 mm-Flak C/30 von Rheinmetall ist gut im Bild.

78

8·

79 80

82

78. Das spitz zusammenlaufende Vorschiff, von der Plattform der leichten Flak unterhalb des Hauptleitgerätes aus gesehen. Blick herab auf das Leitgerät mit der Funkmeß-Matratze auf dem Dach des ovalen Kommandostandes.

79. Die Brückenaufbauten der *Tirpitz*. Zu sehen sind die Dicke des Hauptpanzergürtels und die zahlreichen Plattformen um den zentralen Turmmast herum, so die Signalplattform und die Admiralsbrücke (hinter dem unteren Leitgerät), die Flak- und Scheinwerferplattformen, die Luftraumüberwachungsstände unterhalb des Hauptleitgerätes.

80. Die hinteren Aufbauten vor dem Einbau des kreiselstabilisierten Flakleitgerätes auf dem Sockel hinter dem Hauptmast.

81. Ein U-Boot des Typs ‚VII' kommt längsseits *Tirpitz*. Kein Kontrast könnte größer als dieser sein, das größte und das kleinste deutsche hochseefähige Kriegsmarinefahrzeug unterscheiden sich sowohl hinsichtlich der Einsatzmethoden als auch hinsichtlich der erzielten Erfolge.

82. Das Filmteam an Bord der *Tirpitz* war fortwährend beschäftigt. Es wurden Propagandafilme gedreht, die Probefahrten aufgezeichnet und Standaufnahmen gemacht, von denen einige in diesem Buch erscheinen.

83./84./85./86. Die Erprobung der schweren Artillerie: Breitseite der vier Zwillingstürme. Die Wirkung des Mündungsdrucks auf di Wasseroberfläche unter Turm ‚Caesar' ist deutlich auszumachen. Die 800 kg schweren panzerbrechenden Granaten (L/4.4) de 38 cm-Geschütze hatten eine maximale Reichweite von 42 km. Bei senkrechtem Aufprall aus einer Entfernung von 30 km waren si in der Lage, eine 29 cm starke oberflächengehärtete Panzerplatte zu durchschlagen. 30 km entspricht der unter Sichtbedingunger maximal üblichen Gefechtsentfernung.

8

84

6

87. Die Mündungsblitze der vorderen Türme erhellen die Backbordseite der Aufbauten. Der Geschützqualm erzeugt unmittelbar unter der Expansionskugel der Treibgase eine falsche ‚Bugwelle'.

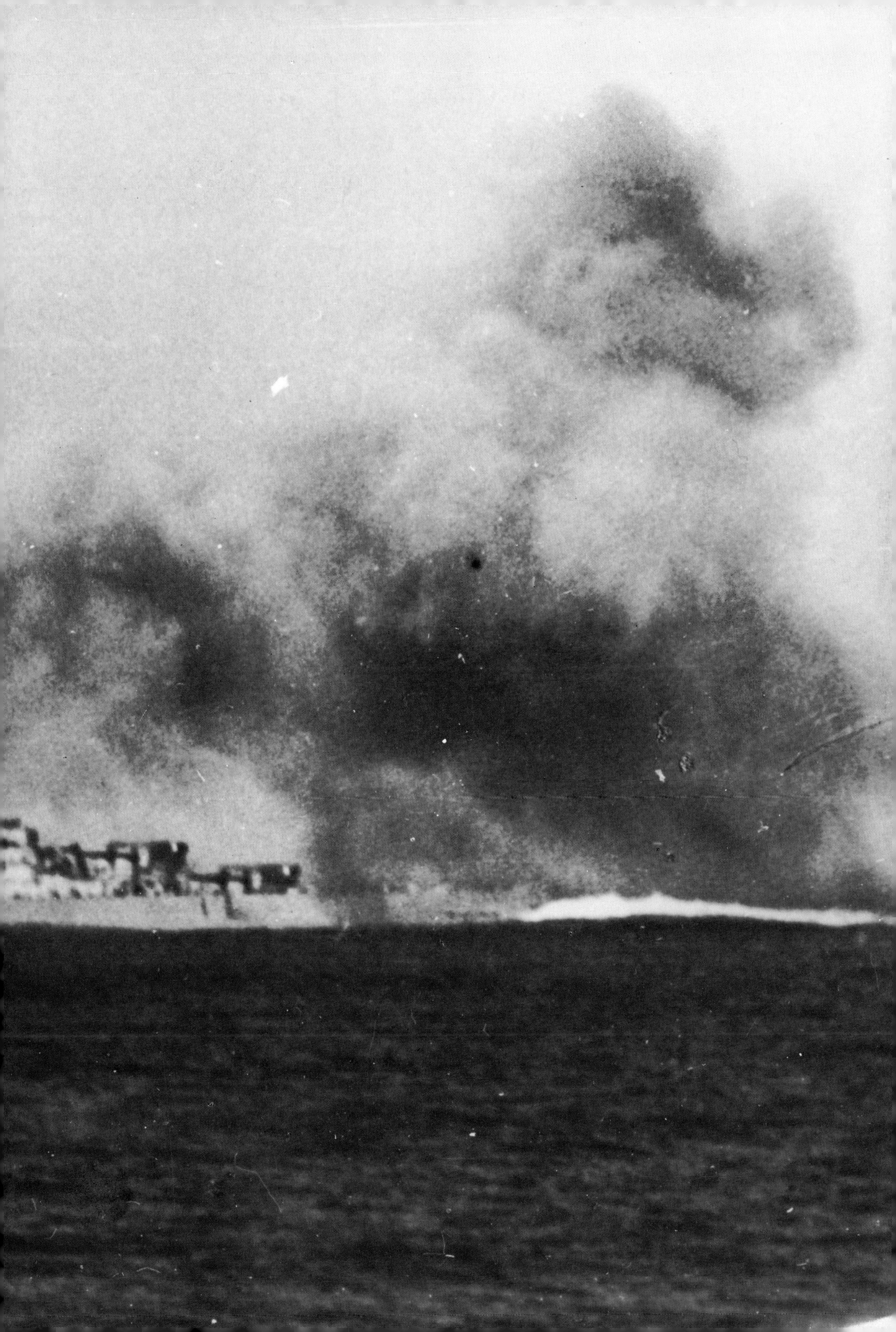

88

89

90

91

88. Ein Marineschlepper zieht die segeltuchbespannten Scheiben, die für die Geschützmannschaften und Feuerleitgruppen beim Schießen auf ein bewegtes Ziel benutzt wurden.

89. Männer der *Tirpitz* stellen das Gefechtsübungsziel längsseits des Schleppers auf. Das Ziel bestand aus einer Reihe von untereinander verbundenen Flößen bis zur gewünschten Länge und einem Aufbau aus leichten Streben, die mit Segeltuch zur Veränderung der Höhe bedeckt werden konnten. Damit wurde die Freibordhöhe eines beliebigen Schiffes bis zur Schlachtschiffsgröße wiedergegeben.

90./91. Zwei kurze Naheinschläge. Das darauffolgende Rauchsignal des ferngelenkten Zielschiffs *Hessen* zeigt einen Volltreffer an.

92. Das desarmierte Linienschiff *Hessen* der Vor-Dreadnought-Ära wird auf Trefferspuren nach einem Schuß der *Tirpitz* untersucht. Das Fernlenkboot *Blitz*, ein umgebautes Torpedoboot aus der Zeit um 1910, liegt längsseits.

93. Reinigung der Geschützrohre nach dem Übungsschießen, eine Arbeit, die nicht bei Wind und Nässe in schwerer See durchführbar ist. Die Dicke des Stirnplattenpanzers der Geschütztürme ist aus der Kantenstärke der Schießscharten zu ersehen.

92

93

94./95. Ladeexerzieren an einer auf dem Achterdeck aufgestellten 15 cm-Ladekanone. Bei dem Seezielgeschütz C/28 der Fa. Krupp wurden ein gleitender Geschützverschluß und Kartuschen aus Messinghülsen benutzt. Andere Marinen hatten damals noch den unterbrochenen Schraubverschluß und gebündelte Pulverladungen für Geschütze über 14 cm-Kaliber. Mit einer gut trainierten Mannschaft war eine anfängliche Feuergeschwindigkeit von 8 Schuß pro Minute möglich. Diese sank jedoch nach kurzer Zeit auf 5 Schuß pro Minute ab, weil das Hochstemmen und Hochrammen der 43 kp schweren Geschosse von Hand große Anstrengungen bereitete.

96. Die Geschützverschlußattrappe der 10,5 cm-Flak beim Mannschaftsexerzieren unter den Augen des Kommandanten und des Artillerieoffiziers.

97. Das einzig Wahre — ein 10,5 cm-Geschütz während eines Übungsschusses.

98. Leere Staubehälter für 10,5 cm-Granaten werden nach dem Schießen heruntergenommen. Die Decksschiene ist Teil des Verschiebegleises, auf dem das Bordflugzeug von der Halle (im Hintergrund) auf die Katapultbahn geschoben wird.

94

96

95

97

98

99. Übung für die Entfernungsmeßgruppen der leichten Flak. Jeder Trupp bestand aus je einem Mann für die Beobachtung und Aufzeichnung.

100. Entfernungsmeßgruppe auf Gefechtsstation: Die ersten 20 mm-Vierlingsflawaffen C/38 von Fa. Rheinmetall wurden während des Spätsommers 1941 eingebaut. Damit wurde eine beträchtliche Steigerung der automatischen Flugzeugabwehr auf Nahdistanz erreicht.

101. Eine auf der *Tirpitz*, aber nicht auf der *Bismarck* eingebaute Besonderheit stellte die Torpedobewaffnung dar: ein Vierersatz auf jeder Schiffsseite direkt vor dem 15 cm-Turm Nr. III. Im Bild wird ein 53,3 cm-Übungstorpedo aus dem Steuerbordsatz abgefeuert.

102. Die Türme ,C' und ,D' sowie eine 20 mm-Vierlingsflak auf der Rückseite des hinteren Leitstandes für die Kamera formiert. Aufnahme gegen Ende der Ausbildungszeit.

99

100

101

102

103

106

107

103.—108. Das Bordflugzeug war ebenfalls Teil der Schiffsbewaffnung. Es sorgte für die Nahaufklärung und die Beobachtung der Granataufschläge der schweren Artillerie. Bis zu 6 Wasserflugzeuge des Typs ‚Arado Ar 196 A' konnten mitgeführt werden, jedoch scheint das Schiff zu keinem Zeitpunkt mehr als 4 an Bord gehabt zu haben. Das für den bordgestützen Einsatz ausgelegte Wasserflugzeug (mit Faltflügeln und Katapultbefestigungspunkten) erreichte mit seinem 960 PS-Motor BMW 132 K eine Maximalgeschwindigkeit von fast 320 km/h. Die Kraftstofftanks in den Schwimmern ermöglichten eine Flugdauer von über 4 Stunden. An Bordwaffen waren eingebaut: im Beobachtercockpit zwei bewegliche 7,92 mm-Maschinenkanonen MG 17, auf der Steuerbordseite der Motorhaube ein feststehendes MG 17, das durch den Luftschraubenkreis feuerte, und zwei 20 mm-Kanonen MG FF (Oerlikon) in den Tragflächen. Unter jeder Tragfläche befand sich neben den Schwimmerstreben eine Aufhängevorrichtung für eine 50 kg-Bombe. Diese bemerkenswerte Bildfolge zeigt die ‚Ar196' mit zusammengefalteten Flügeln während des Auftankens in der vorderen Steuerbordhalle. Sie war mit Stricken auf ihrem Transportgestell festgezurrt. Das Flugzeug wurde dann mit Muskelkraft aus dem Hangar geschoben, gedreht und auf dem Katapult ausgerichtet, während die Tragflächen zum Start ausgeklappt wurden. Der Startschlitten, der dem Flugzeug die notwendige Beschleunigung erteilte, wurde hinter das Transportgestell manövriert. Die ausladenden Streben übernahmen das Flugzeuggewicht, wenn das Transportgestell von der Startbahn entfernt wurde. Das mit Luft- und Flüssigkeitsdruck arbeitende Katapult gab der 3,7 t schweren Arado eine Abhebegeschwindigkeit von etwa 112 km/h.

104

105

108

109

110

112

113

109.—114. Die ‚Arado' kehrt zum Schiff zurück und überfliegt das Heck der *Tirpitz*. Dieses schafft mit einer Steuerborddrehung einen ‚Ententeich', in dem das Flugzeug auf der geglätteten Wasseroberfläche landen kann. Nach der Landung steigt der Beobachter aus seinem Cockpit und befestigt Hebeösen an dem Bügel der Kanzel und an zwei Haltepunkten an der Motorhaube. Sobald sich das Flugzeug unter dem Bordkran befindet, wird ein Spezialgurt an den Ösen befestigt. Währenddessen wird das schwere Hebezeug mit Leinen vom Schiff aus gestützt. Sobald die Maschine festgemacht ist und vom Wasser freikommt, wird der Flugmotor abgestellt. Nachdem die Maschine an Bord geholt und wieder auf dem Katapult abgestellt ist, steigen der *Luftwaffenpilot* und der von der *Kriegsmarine* gestellte Beobachter aus der Kanzel.

115. Alt und neu: Ein Kutter nähert sich einem Wasserflugzeug ‚Arado Ar 196 A-3' des Schlachtschiffes, um das Abschleppen der Maschine vorzubereiten.

111

114

115

116

119

120

116. Musterung auf dem Achterdeck. Die Besatzung ist zu einem Appell des Kommandanten versammelt.

117./118. Landgang: Mannschaften stellen sich zum Verlassen ihres ‚Blech-Kloster' auf, um an Bord eines Hafenfahrzeuges zu gehen. Zur gleichen Zeit verläßt die Kommandantenpinasse die *Tirpitz* mit hoher Geschwindigkeit.

119. Die steuerbord achterliche Aufnahme verstärkt noch die mächtige Breite und wuchtige Erscheinung der *Tirpitz* in ihrer von den 38 cm-Geschützen der achteren Batterie ausgehenden Drohung. Die Rohre sind auf den maximalen Höhenrichtwinkel von 30° angestellt.

120. Eine eindrucksvolle Propagandaaufnahme des Schiffs bei hoher Geschwindigkeit. Der Artillerieleitstand über der Brücke ist auf die Kamera zu gedreht, um die Funkmeß-Matratze zu verbergen.

117

118

121

122

121. Mitte September 1941 wurde die *Tirpitz* ihre erste Einsatzfahrt klargemacht. Flieg erkennungszeichen wurden durch Aufmalen nes weißen Kreises mit einem Hakenkreuz rotem Segeltuch angefertigt. Die Erkennur zeichen wurden dann auf der Back und Sch ausgelegt.

122. Die sogenannte „Baltenflotte" fuhr am September in das Einsatzgebiet im Finnisch Meerbusen. Sie sollte das Eingreifen der ru schen Flotte gegen den Vormarsch der d schen Armee in Estland verhindern und möglichen Durchbruch zur Internierung Schweden abwehren. Im Bild: *Tirpitz* führt Schweren Kreuzer *Admiral Scheer* und Leichten Kreuzer *Köln*, *Nürnberg*, *Leipzig* u

123

124

…n mit zwei im geringen Abstand begleiten-
…orpedobooten der *T1*-Klasse an.

…Auf dem Dach des Turmes ‚Caesar' sind …nungsmarken gemalt, als die *Tirpitz* durch …esige Ostsee fährt. Sie wird gefolgt von der …al Scheer* und zwei Leichten Kreuzern. …sche U-Boote werden offenbar nicht be…et, da die Schiffe mit mäßiger Geschwin…t in geordneter Kiellinie fahren — ein idea…ngriffsziel für U-Boote.

…Ein Torpedoboot des Bautyps ‚1935/37' …ert die *Tirpitz* in nebligem Wetter. Die ruhi…ee läßt eine Fahrt mit fast maximaler Ge…ndigkeit von 34 Knoten zu.

…Im Finnischen Meerbusen teilte sich die …eeflotte in eine nördliche und eine südliche …fgruppe. Die erstere bestand aus *Tirpitz*, …berg* und *Köln*, die von Zerstörern und Tor…booten abgeschirmt wurde.

125

126

127

126. Die Nordgruppe begab sich zum Ankerplatz nördlich der Aalandinseln, wo die Schiffe durch Inseln und finnische Minenfelder geschützt lagen. Im Bild passiert ein Zerstörer der *Leberecht Maass*-Klasse (Baujahr 1934) die ankernde *Tirpitz*. Über ihnen fliegt eine ‚Junkers Ju 88' Sicherung.

127. Der Nordgruppe war die 5. Minensuchflottille mit M-Booten des Bautyps ‚1935' zugeteilt, im Bild längsseits der *Tirpitz* vertäut.

128. Ein Flugboot Blohm & Voss ‚BV 138' fliegt in Begleitung einer Arado am Ende seiner U-Boot-Patrouille an *Tirpitz* vorbei.

129. Eine ‚Arado' wird geborgen. Sie trägt noch ihre 50 kg-Bomben nach dem 100. Einsatz.

128

129

130

131

132

133

130.—133. Am 12. Januar 1942 verließ die *Tirpitz* Kiel und kehrte durch den Nord-Ostsee-Kanal zurück nach Wilhelmshaven.

134

135

136

137

138

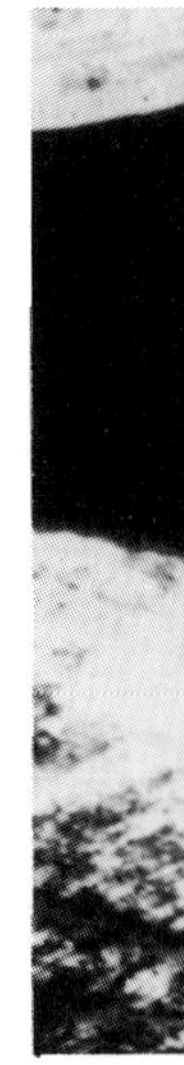

139

134. 16. Januar 1942: *Tirpitz* erreicht Trondheim, ihren Stützpunkt für das kommende Jahr.

135. Das Schlachtschiff tastet sich zu seinem Liegeplatz am oberen Ende des Faettenfjordes vor, einem Seitenarm des Trondheimfjordes in ganz beträchtlicher Entfernung von der Stadt.

136.—140. Das Aufziehen der Tarnnetze war bereits in den Monaten zwischen dem Einsatz bei den Aalandinseln und der Überfahrt nach Norwegen geprobt worden. Mit Hilfe der Natur und einem Wäldchen aus Tannen, die an die Reeling gebunden und in die Ankerkette gesteckt wurden, sah die *Tirpitz* bald wie ein mit Schnee und Tannen bedecktes Schlachtschiff aus. Der im Aufklärungsfoto (Bild 139) sichtbare Netzsperrenstrich ist ein deutliches Anzeichen für die Gegenwart eines Großkampfschiffes.

140

141

142

143

144

141./142. Arktischer Wasserdunst im Foettenfjord: Der Dunst wird durch die unter die Seewassertemperatur abfallende Lufttemperatur verursacht. Als Verbindung des Liegeplatzes mit dem Tal am Fjordende wurde eine kleine Bahnstrecke angelegt. Diese sollte die Schiffsversorgung sicherstellen.

143. Die Wache und ein Trompeter sind angetreten anläßlich des Besuchs von Generaladmiral Carls, Befehlshaber des Marinegruppenkommando Nord, dessen Flaggoffizier und (Mitte) des Befehlshabers der Schlachtschiffe, Admiral Schniewind.

144. Der vom Konvoi QP 8 versprengte russische Dampfer *Ijora* sinkt nach Angriff von *Friedrich Ihn* am Nachmittag des 7. März 1942. Sie war das einzige Schiff der Alliierten, das die Besatzung der *Tirpitz* zu Gesicht bekam.

145. Zehn Torpedobomber des Typs ‚Fairey Albacore' der 817. und 832. Staffel auf dem hinteren Flugdeck der HMS *Victorious* aufgereiht, die im Seidisfjord liegt. Hinter den Albacores zwei Jäger des Typs ‚Fulmar' von der 809. Staffel.

146. 9. März 1942, 0917 Uhr: 4 Flugzeuge der 832. Staffel tauchen aus der Wolke querab von der *Tirpitz* auf und gehen im Sturzflug sofort zum Angriff über.

147. 0922 Uhr: Das Ausweichmanöver vor dem ersten Torpedoangriff wird von den Flugzeugen der ersten Gruppe der 817. Staffel und der zweiten Gruppe der 832. Staffel beobachtet. Daraus entwickelt sich etwa 4 Minuten später ein besser koordinierter Angriff.

148. 0926 Uhr: Blick aus einer der Fühlung haltenden ‚Albacores' während des letzten Angriffes. In der Bildmitte hinterläßt *Tirpitz* eine Kielwasserspur in Form eines Fragezeichens.

149. Diese Aufnahme zeigt angeblich Torpedolaufbahnen dicht bei der *Tirpitz* während des Angriffs am 9. März 1942. Nach Meinung des Autors ist das unrichtig: Das Kielwasser entspricht nicht dem bekannten Schiffskurs während des Angriffs, die Geschütztürme der schweren Artillerie sind in der Schiffsachse ausgerichtet (offenbar noch mit abgedeckten Mündungen), ebenso der Flakleitstand hinter dem Hauptmast. Die für Torpedolaufbahnen gehaltenen Streifen an der Steuerbordseite des Hecks der *Tirpitz* scheinen retouchiert zu sein, um das Ereignis zu dramatisieren.

150./151. Angriff auf die *Tirpitz* durch die beiden letzten Flugzeuggruppen. Die kurz vor dem Ziel ins Wasser schlagenden 10,5 cm-, 37 mm- und 20 mm-Granaten ließen die Flugzeugbesatzungen der ‚Albacores' in dem Glauben, daß die deutschen Zielvorrichtungen Zielbewegungen mit etwa 185 km/h nicht erfassen konnten.

146

148

150

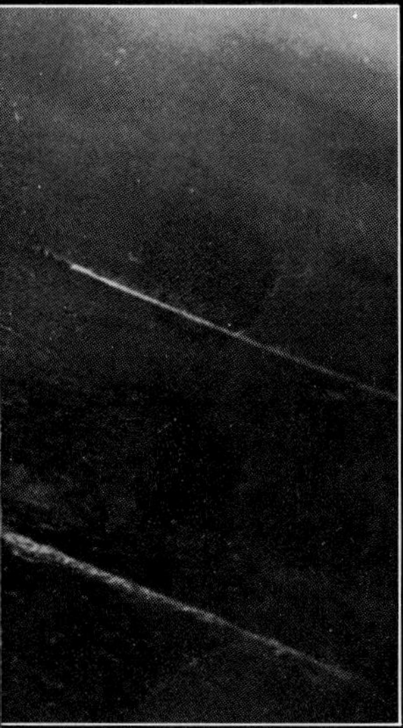

147

149

151

152

153

154

155

156

157

152./153. Nach dem Abwehrkampf des 9. März wurden Eiserne Kreuze verliehen. Die Zeremonie dauerte wahrscheinlich länger an, wenn man die Zahl der vom Oberleutnant zur See bereitgehaltenen Auszeichnungen in Betracht zieht.

154.—157. Eine der umgebauten Mark XIX-Minen, die von den ‚Halifax'-Bombern in den Nächten 27./28. und 28./29. April 1942 abgeworfen wurden. Die zur Sprengung vorbereitete Mine explodierte dicht unterhalb des Ufers. Auf deutscher Seite glaubte man, daß diese Minen unter das Schiff rollen sollten. Deshalb wurden zwischen Schiff und steiler Böschung Netze ausgespannt.

158

158. Ein größeres Ereignis war der Besuch von Großadmiral Raeder am 31. Mai 1942, dem Oberbefehlshaber der Deutschen Kriegsmarine. In seiner Begleitung Admiral Schniewind und Vizeadmiral Kummetz, der neue Befehlshaber der Kreuzer; über dem Flottenabzeichen trägt er die Spange zum Eisernen Kreuz 1. Klasse des Ersten Weltkrieges.

159. Raeder begrüßt die angetretenen Offiziere auf dem Seitendeck. Kapitän Topps Auszeichnungen enthalten das Eiserne Kreuz von 1914 unter der Spange von 1939 und das U-Boot-Abzeichen des Ersten Weltkrieges sowie das Flottenkriegsabzeichen. Der Korvettenkapitän (zweiter von links) trägt rechts den achtzackigen Stern des Kriegsordens des Deutschen Kreuzes, das nur an Träger des Eisernen Kreuzes Erster Klasse verliehen wurde. Es ist die Anerkennung für fortgesetzte außergewöhnliche Tapferkeit vor dem Feind. Ferner trägt er das Spanienkreuz.

160.—162. Die Bordkapelle gibt eine Vorstellung: Marsch durch die friedlichen Straßen von Trondheim (Bild 160); für die Besatzung des Marinetankschiffes *Nordmark* (Bild 161); für die Besatzungen von Zerstörern, die die *Tirpitz* beim März-Einsatz begleitet hatten (Bild 162), vorne sichtbar *Z 7*, *Hermann Schoemann*.

160

161

162

163

164

163. Der Konvoi PQ 17 wird durch einen Fühlungshalter der 5. Luftflotte am 1. Juli gesichtet und fotografiert.

164. Die Einheiten laufen aus zum Unternehmen ‚Rösselsprung', der Schwere Kreuzer *Hipper* und drei Zerstörer fahren der *Tirpitz* voraus, als die Kampfgruppe 1 Trondheim verläßt.

165

166

165. *Z 20, Karl Galster* vor dem Hintergrund der zerklüfteten Lofoten, als die Kampfgruppe Gimsöstrommen erreicht. Im Vordergrund die Tragfläche einer ‚Ar 196' auf dem Katapult der *Tirpitz*. Kurz nachdem diese Aufnahme gemacht wurde, streiften *Z 10, Hans Lody* und *Z 6, Theodor Riedel* Unterwasserfelsen, die auf der Seekarte mit über 39 m Tiefe eingezeichnet waren, und mußten die Kampfgruppe verlassen. *Tirpitz* wurde darauf nur von *Z 4, Richard Beitzen* und *Z 14, Friedrich Ihn* sowie zwei Torpedobooten eskortiert. Die letzteren hatten den Tanker *Nordmark* zum Beölungstreffpunkt bei den Lofoten begleitet.

166. *Z 14, Friedrich Ihn* setzte mit *Tirpitz* und *Admiral Hipper* den Marsch zum Altafjord fort, um sich mit der Gruppe des Schweren Kreuzer *Admiral Scheer* zu vereinigen. Man beachte, daß dieser ältere Zerstörertyp keinen Atlantiksteven und keine überhängende Back besitzt, mit denen die Neigung, bei schwerer See unterzuschneiden, verringert werden sollte. Direkt vor dem Hauptmast trägt er eine Seetakt-Radar-Antenne, die jedoch nach achteraus von wenig Wert war.

167. *Hipper*, *Scheer* und 5 der 7 Zerstörer folgen der *Tirpitz* aus dem Altafjord am frühen Nachmittag des 5. Juli, um den Geleitzug PQ 17 abzufangen.

167

168. *Tirpitz* vor Anker vor dem Kaafjord am späten Abend des 4. Juli. Zur gleichen Zeit erhielt der Geleitschutz des Konvois PQ 17 den verhängnisvollen Auflösungsbefehl. Man beachte die 20 mm-Vierlingslafette im Steuerbord-Schwalbennest des Schornsteins.

169. Ein RAF-‚Catalina'-Flugboot im russischen Stützpunkt am Grasnaya-See während des Konvoieinsatzes PQ 17. Im Hintergrund eine ‚Beriev MBR-2', die von der VVS-VMF für Küstenpatrouillen verwendet wurde.

170. Admiral Schniewind und der Kommandant beraten sich während des kurzen Einsatzes.

168

169

170

171

172

173

174

171. Ein sowjetisches U-Boot der *K*-Klasse kehrt von einer Patrouille vor der norwegischen Küste nach Polyarno zurück. Sie waren größer und schneller als alle anderen in arktischen Gewässern eingesetzten alliierten und deutschen U-Boote und für ozeanische Einsätze ausgelegt. Sie wurden deshalb nicht nur für die hauptsächlich küstennahen Kämpfe gegen die deutsche Handelsschiffahrt und Kriegsschiffe eingesetzt.

172. *Hipper* und *Scheer* treffen sich im Altafjord mit der *Tirpitz* am 4. Juli 1942.

173. Eine bemerkenswerte Agentenaufnahme der *Tirpitz* in der Bogenbucht nahe Narvik, vom 8. August 1942. Näher zum Ufer liegt die mit einem ähnlichen Tarnschema (zwei Grautöne) bemalte *Lützow*.

174. Erholungseinrichtungen waren am Ufer des Faettenfjords rar. Besatzungspersonal der *Tirpitz* baute deshalb im Frühjahr 1942 dieses Freilichttheater.

175. Den Offizieren ging es etwas besser: Kapitän zur See Topp vor dem „Perrig-Heim", einem Landhäuschen, das als Ufermesse diente.*)

176. Blick aus dem „Perrig-Heim" über den Faettenfjord. Der Weg führt hinunter zum Bootanleger am Fjordufer.

---

*) Anmerkung des Übersetzers: Ähnliche Blockhäuser wurden für alle Divisionen gebaut.

175

176

177./178. Lebensmittelvorräte (einschließlich der Getränke) werden mit großen und kleinen Schiffen zur *Tirpitz* hinübergeschafft.

179./180. Foto-Luftaufklärer des RAF-Küstenkommandos hielten eine genaue Überwachung der *Tirpitz* aufrecht, während sie im Dezember 1942 und Januar 1943 überholt wurde. Auf diesen beiden am 12. Dezember 1942 im Lofjord aus geringer Höhe aufgenommenen Schrägansichten ist das für die Aufhängung von Tarnnetzen bestimmte Gerüst um Bug und Heck des Schlachtschiffes zu sehen.

177

178

179

180

Der Glaube des Führers
ist unser Glaube,
Der Kampf des Führers –
ist unser Kampf.

181

182

181. Weihnachten 1942 — es ist unwahrscheinlich, daß diese vergnügten Matrosen in diesem besonderen Moment alle gleich an Hitler dachten, was auch immer die Schrift an der Schottwand bedeuten mag.

182. *Tirpitz* exerzierte ab Ende Januar 1943 im Gebiet von Trondheim. Die Übungen umfaßten seemännische Ausbildung, einschließlich der Ergänzung von Begleitfahrzeugen auf See. Zwei 850 t-Torpedoboote (wahrscheinlich *T 7* und *T 15*) nähern sich dem „Tanker", als dessen Besatzung Schläuche auf dem Achterdeck ausgelegt hat.

183. Die Kriegswache der Backbord 20 mm-Vierlingsflak auf Station, als das Schiff in den Trondheimfjord zurückfährt.

184. Der Beobachter des Flugzeuges bringt es fertig, trotz der Kälte zu lächeln: Falls sein Flugzeug abstürzen würde, könnte er nicht erwarten, länger als 4 Minuten in der fast gefrierenden See bei Bewußtsein zu bleiben.
Beide wachhabenden Offiziere tragen dicke Schaffellmäntel, die den Trägern gegen die Elemente größeren Schutz geboten haben müssen als die Duffle Coats der RN.

183

184

186

188

185. Während der von der *Tirpitz* am 11. und 12. März angetretenen Fahrt nach Norden herrschte rauhes Wetter, wie die Eisschicht auf dem Vorschiff und dem 15 cm-Turm Nr. I an Backbord zeigt.

186./187. *Tirpitz* und ihre Zerstörer der *Leberecht-Maass*-Klasse passieren den Vestfjord und die Enge zur Bogenbucht am 13. März 1943.

188./189. Ankunft in Altafjord am 24. März. Besatzungsmitglieder betrachten die Gegend um die Einfahrt zum Kaafjord, dem Stützpunkt der *Tirpitz* für die folgenden 19 Monate.

187

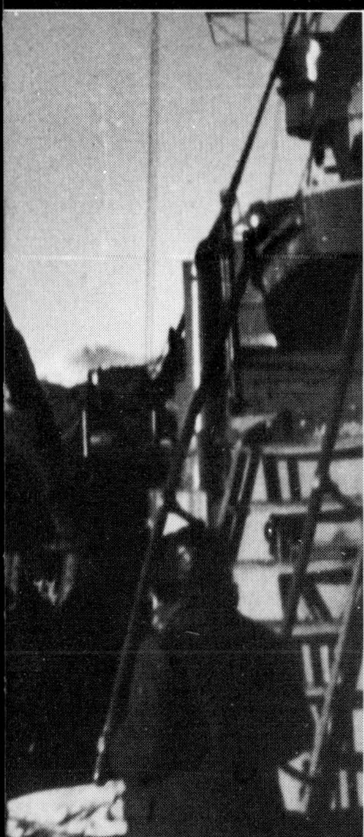

189

192

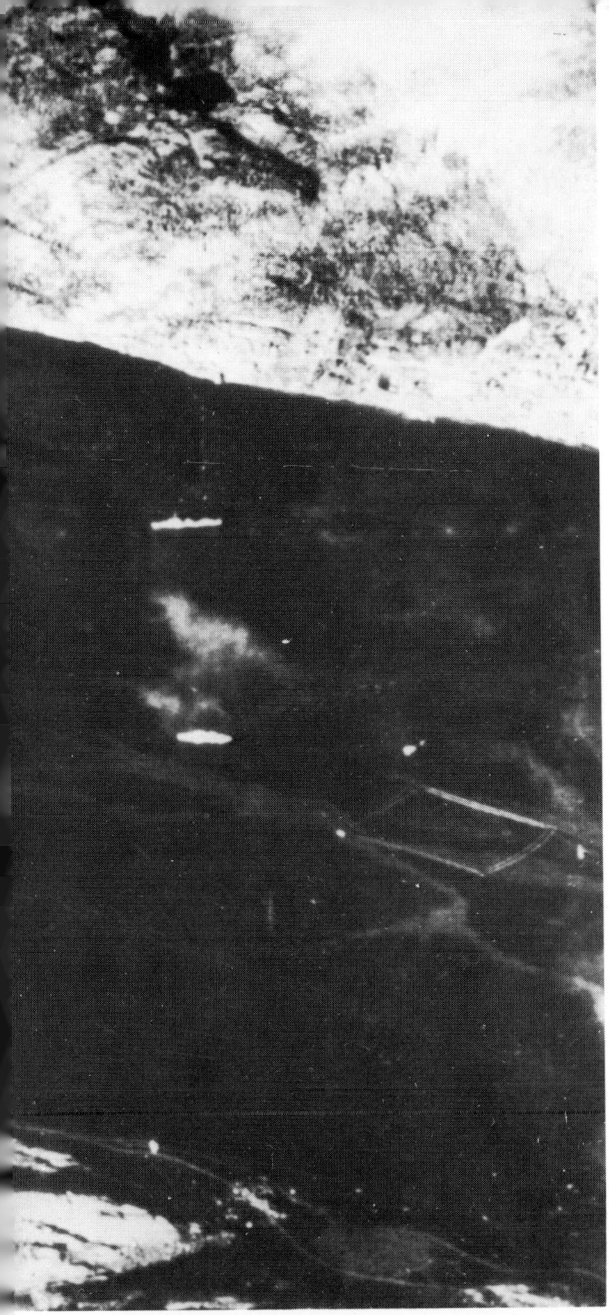

190

193

191

190. Obwohl die Verlegung der *Tirpitz* in den Kaafjord von den Alliierten durch Abhören des Funkverkehrs verfolgt wurde, blieb sie bis zum 25. April unentdeckt. Ein Flugzeug der sowjetischen Marineluftwaffe sichtete sie erst am 25. April. Die RAF erhielt ab 10. Mai neue Fotografien. Dieses Foto wurde nach dem X-Boot-Angriff Ende September 1943 aufgenommen und zeigt einen brauchbaren Rundblick über den Zentralabschnitt des Kaafjordes mit seinen komplizierten Netzkästen und Steilhängen. Die *Tirpitz* liegt tief im Schatten nahe der linken oberen Ecke.

191. *Tirpitz* in See bei ihrer letzten Einsatzfahrt — zum Überfall auf Spitzbergen am Abend des 7. September 1943. Dabei zeigte sie die Britische Kriegsflagge (eine zulässige Kriegslist, wenn sie dieses Emblem vor der Feuereröffnung gegen die Deutsche Kriegsflagge austauschte). Man beachte die abgedeckte 20 mm-Vierlingslafette im Vordergrund: Die verhältnismäßig kleine, aber hochwirksame Waffe benötigte keine fremden Energiequellen. Sie konnte deshalb überall aufgestellt werden, wo eine brauchbare Stellung mit gutem Bestreichungswinkel gefunden werden konnte.

192. Die Landungstruppe des Schiffs kehrt mit britischen und norwegischen Gefangenen zurück.

193. Das Wasserflugzeug kehrt von der Luftaufklärung über Spitzbergen zurück und verfehlt im ersten Versuch die Bergungsleine — ein unliebsamer Fehler, der den Kommandanten zwingt, bei niedriger Fahrt in gefahrenträchtigen Gewässern zu bleiben.

194. HMS *Bonaventure*, ein in der Bauphase beschlagnahmter und erworbener Frachter der Clan-Linie, wurde als Depotschiff für Kleinst-U-Boote fertiggestellt. Im vorderen und hinteren Welldeck wurden Lagerböcke für *X*-Boote angebracht. Die Kleinst-U-Boote wurden mit Schwergut-Ladebäumen verladen (senkrecht gegen die Schwergutpfosten verzurrt).

195. Ein *X*-Boot aufgetaucht. Der kommandierende Offizier hält sich am teilweise ausgefahrenen schwenkbaren Sehrohr, der einzig verfügbaren Stütze an dem glatten engen Gehäuse, fest.

196. Ein zusammengesetztes Foto der *Tirpitz*, die am 22. September 1943 in der Barbrudalen-Einfassung liegt. Der aus einer Bildsammlung des deutschen „Nachrufes" entnommene Teil ist schlechter Qualität, gibt aber einen ungefähren Eindruck des hellgrau/schwarzen Tarnfarbenschemas des Schlachtschiffes.

197. Ein Vorpostenboot am Eingang zum Barbrudalen-Netz, durch den Lieutenant Cameron mit seiner *X-6* eindrang.

198. Der Punkt und der Kreis neben der Nummer „2" markiert die Stellen, an der *X-7* (unter Lieutenant Place) beim Sinken beobachtet wurde, bzw. wo Sub-Lieutenant Aitken nach dem Herausschlüpfen 3 Stunden später auftauchte. Beachte den oberen Teil des Großmastes der *Tirpitz*, der durch die von den Explosionen verursachte Schockbewegung des Schiffes abbrach.

194

196

197

195

198

199

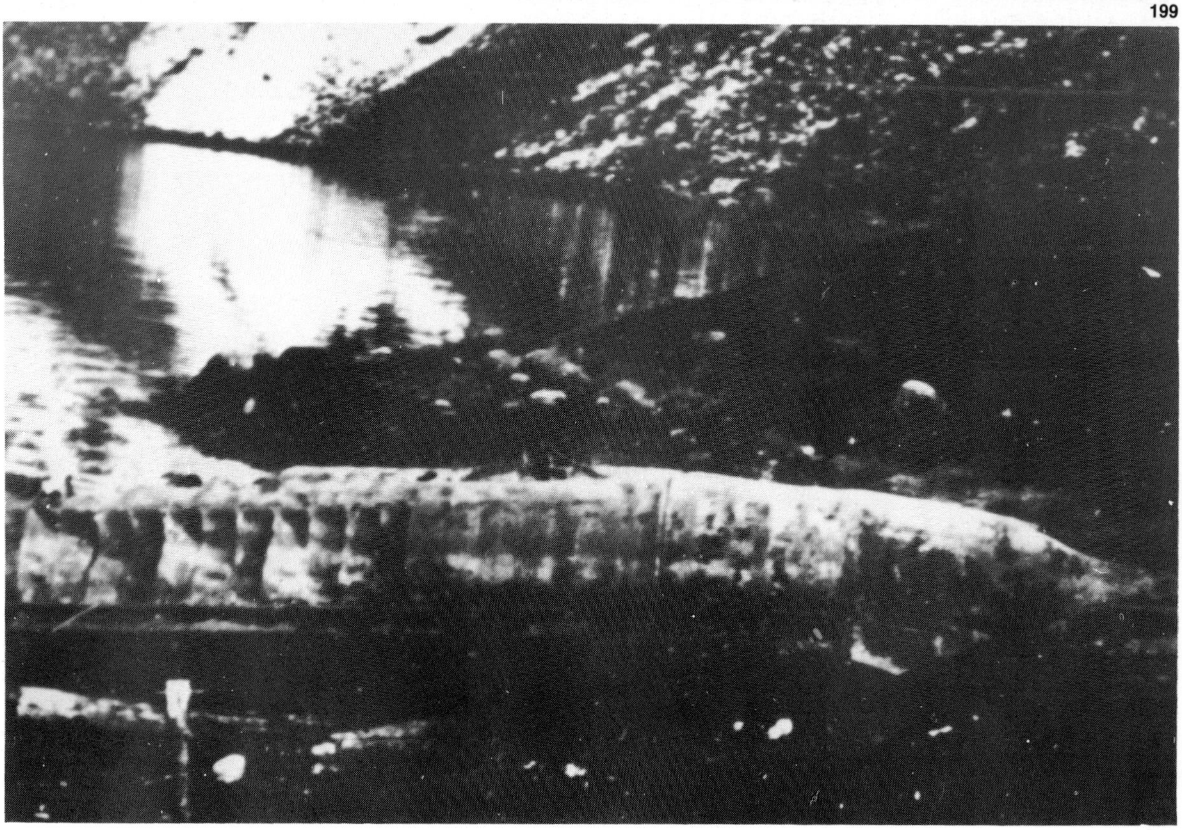

200

199./200. Deutsche Rettungsmannschaften bargen *X-7* ohne das Bugteil und setzten das Kleinst-U-Boot am 4. Oktober 1943 auf das Ufer der Barbrudalen, um es genauer zu untersuchen. Anschließend an die Inspektion wurden einige Instrumente und Ausrüstungsgegenstände zur Übersendung nach Deutschland demontiert. Der Bootskörper wurde in den Fjord hinausgeschleppt und versenkt.

201. *Tirpitz* in der Barbrudalen-Einfassung liegend, in der sie am 22. September 1943 von Kleinst-U-Booten angegriffen wurde. Dieses gute Aufklärungsfoto wurde von einer Spitfire aufgenommen, die von einem russischen Flugplatz startete.

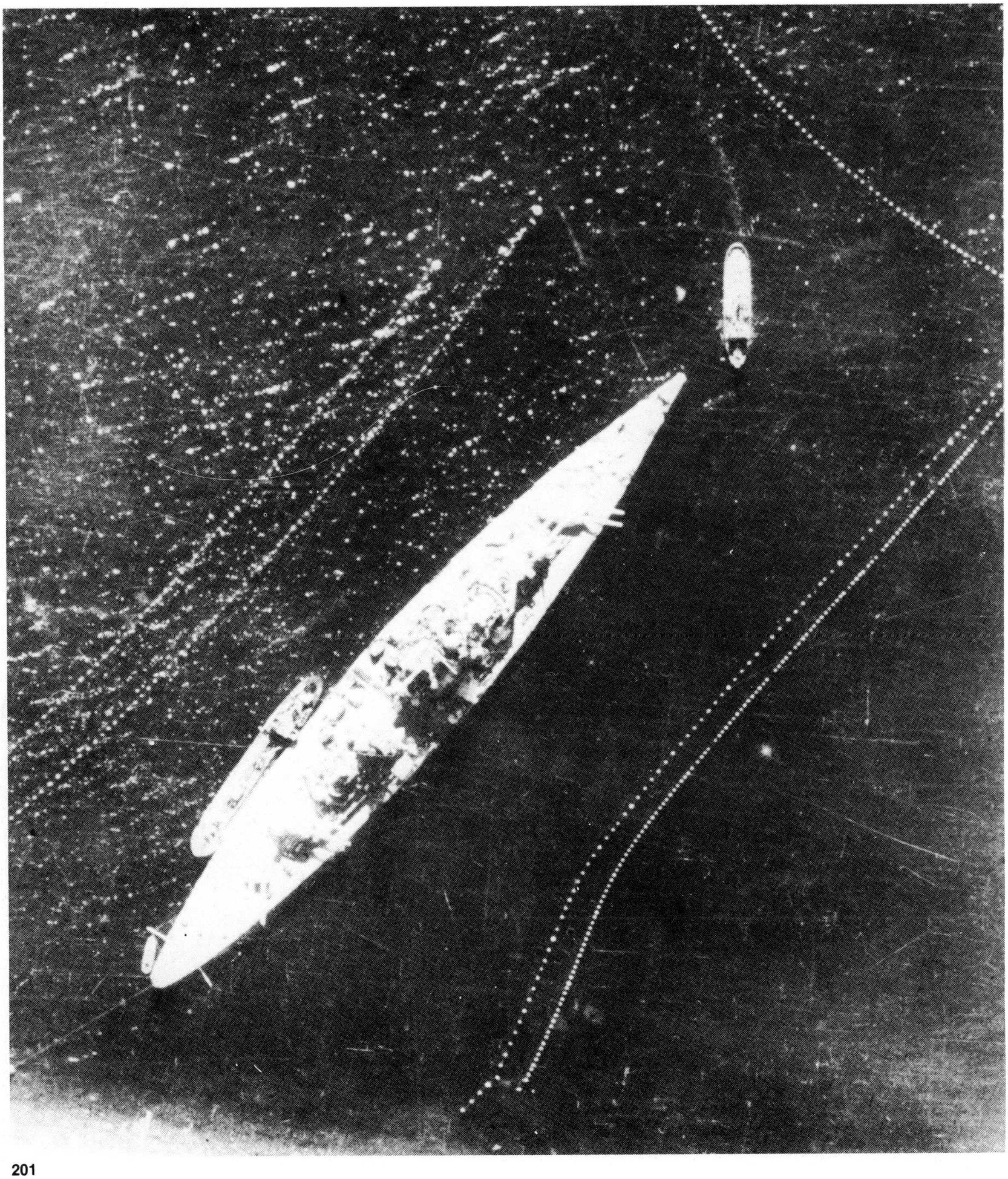

201

202. Der Einsatzleiter instruiert die Flugzeugbesatzungen des 8. Torpedobomber-Aufklärungsgeschwaders mit Hilfe eines maßstäblichen Modells auf dem abgenutzten Läufer im Vorzimmer der Offiziersmesse der HMS *Furious*.

203. Eine ‚Barracuda' im Flug. Sie trägt eine 726 kg schwere Panzersprengbombe amerikanischer Herkunft.

204. Explosive Grüße: Die Aufhängeklinke der 726 kg-Bombe liegt in der Rumpfmitte. Die Torpedo-Schaukelwiegen halten Bombenspitze und -ende, um Querbewegungen zu verhindern. Da kein Abwurfbügel zur Verfügung stand, war die ‚Barracuda' auf einen Sturzwinkel von etwa 60° begrenzt. Damit war sie eher als „Gleitbomber" denn als wirklicher Sturzbomber einzustufen.

205. Die ‚Hellcats' der 804. Staffel versammeln sich über dem Heck von HMS *Emperor*, während die Flugzeuge der 800. Staffel aus dem Hangar gehoben werden. Letztere bereiten sich auf die zweite Welle des Luftangriffs am 3. April 1944 vor.

202

203

204

205

206

206. Die ‚Barracudas' der ersten Welle fliegen a
westlichen Langfjord vorbei, wo ein Tanker u
zwei Zerstörer vor Anker liegen. Beim Überflieg
der Bergspitzen in etwa 915 m Höhe sind die ‚Bar
cudas' noch 24 km vom Kaafjord entfernt.

207. Der von der Einnebelung hervorgerufene Rauchschleier beginnt sich auszubreiten. Die *Tirpitz* eröffnet das Feuer, als die ersten Jäger ihren Angriff zur Flakbekämpfung von Nordwesten beginnen.

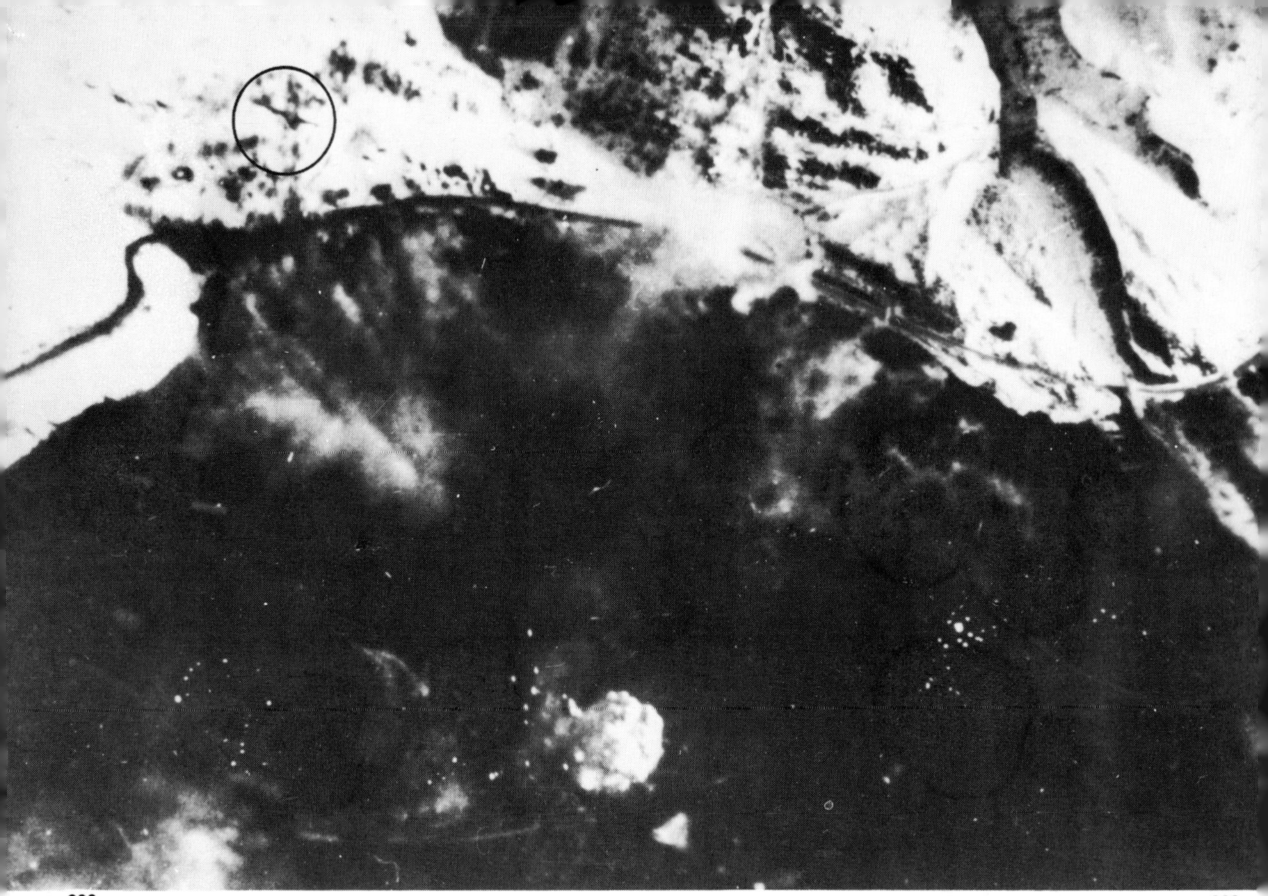

208

209

208. Eine dicke Rauchwolke steigt von der Explosion einer der Bomben auf, die im Vorschiff bei dem Angriff einer Gruppe von ‚Barracudas' aus dem Süden eingeschlagen ist. Beachte die ‚Barracuda' im Sturzflug (mit Kreis versehen).

209. Das kurz nach dem vorangegangenen Schnappschuß aufgenommene Bild zeigt das Schiff bereits brennend im Bereich von Brücke und Schornstein. Zwei ‚Barracudas' fliegen eine scharfe Kurve nach dem Abfangen aus dem Sturzflug.

210. Oben im Bild eine ‚Barracuda' des 52. TBR-Geschwaders kurz vor dem Ausklinken ihrer drei 226 kg-Bomben. Die Einnebelung ist offenbar unwirksam, die aufsteigende Dampfsäule aus der verklemmten Sirene ist deutlich sichtbar an der Steuerbordseite mittschiffs der *Tirpitz*.

210

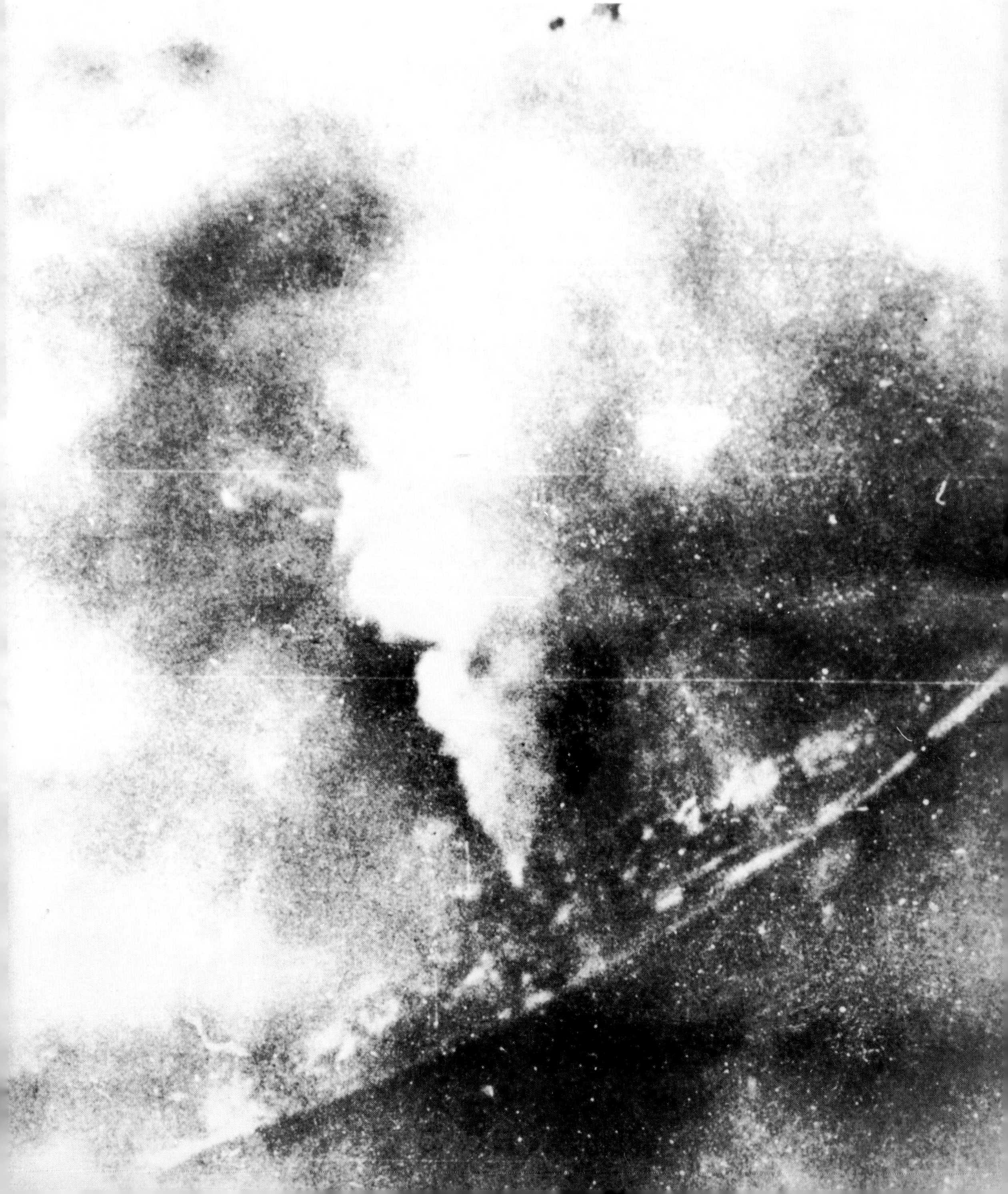

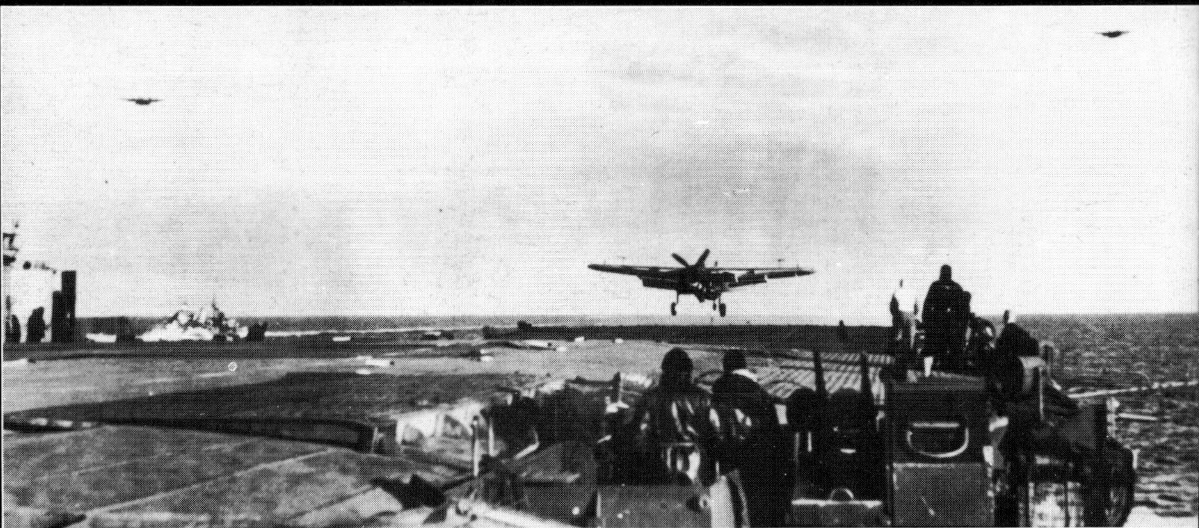

211. Die Trägerkampfgruppe erwartet die Rückkehr der Angreifer am 3. April um etwa 7 Uhr.
Von *Emperor* aus gesehen: HMS *Searcher*, *Furious* und *Pursuer* mit dem Schlachtschiff *Anson* im Hintergrund.

212. Eine ,Barracuda' mit einer aufgehängten 726 kg-Bombe landet an Bord der *Furious*, während zwei andere Flugzeuge des ersten Angriffs in die Lücke stoßen, um in die Landeschleife einzutreten. Steuerbord achtern vom Träger steht HMS *Belfast*.

213. Die ,FM-1 Wildcats' der 898. Staffel kehren zur *Searcher* zurück.

214. *Tirpitz* wurde in einer neuen Umzäunung repariert. Diese lag an der Landspitze gegenüber dem Liegeplatz, den sie seit März 1943 innehatte. An ihrem neuen Liegeplatz wurde sie am Abend des 12. Juli 1944 von einer ,PRU Mosquito' fotografiert, umgeben von 6 Leichtern und Kleinfahrzeugen, 4 Booten und einer Reparaturbühne längsseits. Der Flugzeugkran an Steuerbord ist entfernt und das Deck getarnt, um einen Flecken-Effekt hervorzurufen.

215

216

215. ‚Barracuda-M' der 830. Staffel steigt trotz des Gewichts der 726 kg-Bombe vor Erreichen der Holzrampe in die Luft, die über das abfallende Vorschiff der *Furious* gebaut war, um die Länge des für den Start verfügbaren Flugdecks auszudehnen. Zu dieser Zeit (17. Juli 1944) waren fast alle Flugzeuge zum Tragen der großen Bombe umgerüstet, die in den „Barracuda"-Staffeln an der Front dienten.

216. *Furious* (vorne), *Formidable* und *Anson* in Sichtweite des Nordkaps während der Angriffs-Operation „Mascot" im Juli.

217. Eine der 20 mm-Maschinenkanonen von *Tirpitz* im Gefecht. Das Fehlen jeglichen Splitterschutzes im Lafettenbereich hatte schwere, anhaltende Ausfälle bei den Geschützmannschaften zur Folge, sobald RN-Jäger angriffen.

217

218. „Fairey Fireflies" erhielten ihre Feuertaufe am 10. August 1944, als sie einen Mineneinsatz in den Schären südlich des Ankerplatzes der *Tirpitz* unterstützten. Eine Abteilung der 1770. Staffel von der *Indefatigable* begleitet die vor der Einfahrt Minen werfenden ‚Avengers'.

219. Operation „Goodwood": Die ‚Corsairs' und ‚Barracudas' der *Formidable* sind zum Aufmunitionieren an Deck verteilt.

220. 22. August 1944: ‚Corsairs' der 1841. Staffel fliegen zum ersten Luftangriff. Im Hintergrund HMS *Devonshire* und (dahinter) HMS *Trumpeter*.

218

219

220

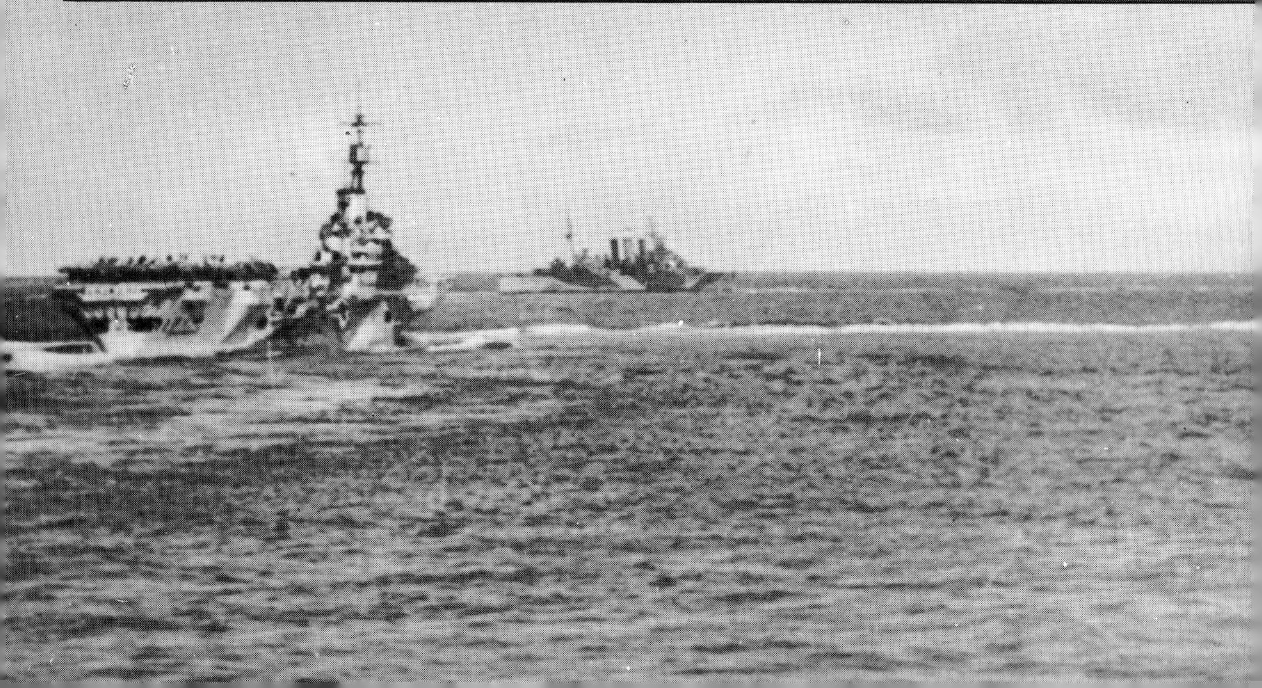

221

222

221. Am Nachmittag des 22. August 1944: Jagdbomber des Typs ‚Hellcat' und Flak bekämpfende Flugzeuge des Typs ,,Firefly" erwischen die *Tirpitz*, bevor der Nebelschleier vollständig ist. Diese Aufnahme wurde nach dem Angriff gemacht. Der Schiffskörper der *Tirpitz* ist oben rechts zu sehen.

222. 24. August: Die Träger drehen sich in den Wind, um den dritten Angriff der Operation ,,Goodwood" zu starten. Von links nach rechts: *Formidable*, *Devonshire*, *Indefatigable* und *Duke of York*.

223. Blick aus der Froschperspektive auf die Kette der „Corsairs“ und „Barracudas“ während des Starts von der *Formidable* am 29. August. Die mit zwei Bomben beladenen „Corsairs“ sind an der Backbord-Decksseite zu sehen. Eine 454 kg-Bombe hängt an einer Stütze unter dem Steuerbordflügelansatz.

224./225. „Barracudas“ der *Indefatigable* erreichen die Küste im Tiefflug, um nicht vom deutschen Radar erfaßt zu werden (Bild 224). Sie steigen beim Passieren der Insel Silden auf, die 56 km nordwestlich des Kaafjords liegt.

223

224

225

226

228

226. Der 100prozentige Nebelschleier, der am 29. August die letzte Angriffswelle der Operation ,,Goodwood'' empfing, reichte bis fast 610 m herauf und verdeckte das Ziel völlig.

227. Die ,,Seafire F III'' des 24. Jagdgeschwaders der *Indefatigable* wurde bei der Operation ,,Goodwood'' für Schutzpatrouillen und ablenkende Tieffliegerangriffe eingesetzt. Im Bild rutscht ein Flugzeug der 887. Staffel über die Bremsseile, erwischt aber mit einigem Glück das niedrigere Hindernis Nr. 3 und vermeidet einen Kopfstand an der errichteten Barriere Nr. 2.

228. Ein Aufklärungsflugboot ,,Blohm & Voss BV 138 C'' für Langstreckenflüge macht in Banak die Leinen los. Dort wurden vier dieser nützlichen Flugzeuge am Morgen des 22. August von der 887. Staffel zerstört. Zwei weitere wurden nahe der Flotte am Nachmittag des gleichen Tages von den Seafires der 894. Staffel abgeschossen.

227

229

230

231

229. *Tirpitz* im Netzkasten ihres letzten Ankerplatzes vor der Insel Haakoy, nahe Tromsö. Diese Aufnahme wurde am 18. Oktober 1944 um 13 Uhr von einer „Firefly“ der 1771. Staffel von der HMS *Implacable* gemacht. Genau 45 Minuten vorher hatte eine von England aus gestartete „PRU Mosquito“ die ersten Bilder des Schlachtschiffes geschossen.

230. Ein Gemälde von Gerald Coulson zeigt den letzten Angriff auf die *Tirpitz* durch „Lancaster“-Bomber der 9. und 617. RAF-Staffel. Das Bild ist Eigentum des Verteidigungsministeriums und befindet sich im RAF-College von Cranwell.

231. Der Bug der *Tirpitz* ragt gerade heraus aus dem Chaos von Rauch und Dampf in der linken unteren Bildecke, das durch Volltreffer von 5454 kg schweren Bomben hervorgerufen wurde. Man beachte die Detonation der ‚Litfaßsäule‘ am Ufer der Insel Haakoy.

233

235

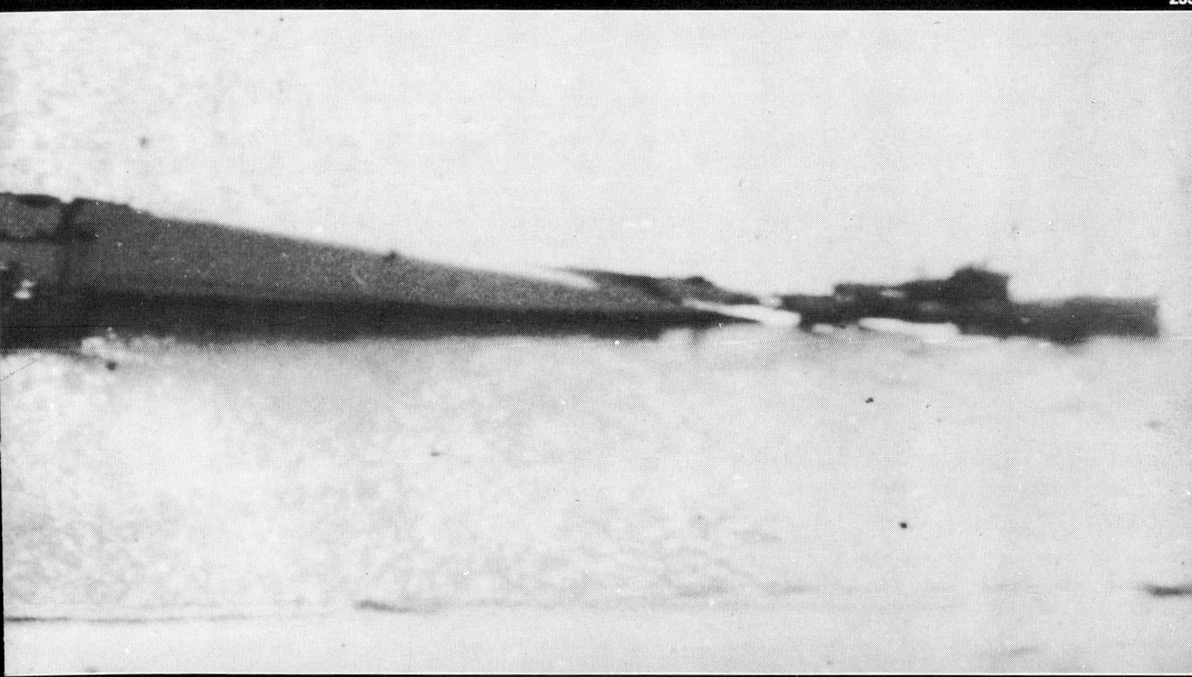

232./233. *Das Ende*: Diese bemerkenswerten Aufnahmen waren die letzten von der *Tirpitz* während des Krieges. Am 23. März 1945 flog eine „Mosquito" der 540. Staffel des RAF-Küstenkommandos einen postmortem-Einsatz. Statt in die Höhe zur üblichen Draufsicht ging sie auf sehr niedrige Höhe, um deutliche Fotografien des gekenterten und schneebedeckten (?) Schiffskörpers des letzten deutschen Großkampfschiffes zu machen.

234./235. Gleich nach Kriegsende in Europa wurde ein Inspektionsteam des Bomberkommandos zur Schadensanalyse nach Tromsö geschickt, um das Wrack der *Tirpitz* zu untersuchen. Deutsche Bergungsschiffe hatten bereits die Schiffsschrauben und den Hauptpanzergürtel der Steuerbordseite entfernt. In die herausragende Seite und in den Schiffsboden sind Löcher geschnitten worden, um nach Toten und Bergungsgut zu suchen. Beachte, daß die Steuerbord-Oberdeckskante bei diesem Tidenstand gerade herausragt.

236. Ein deutscher Kriegsgefangener (?) steht auf der nach oben gedrehten Schiffskörperseite der *Tirpitz* und gibt einen Größenvergleich zu dem 32 cm starken Hauptpanzergürtel. Er steht direkt auf dem 12,7 cm starken oberen Gürtel. Über ihm eines der Löcher, die bei den Rettungsversuchen der während des letzten Luftangriffs eingeschlossenen Besatzungsmitglieder in die Bordwand geschnitten worden sind.

Seitenansicht, Draufsicht und Längsschnitt

von Alan Raven

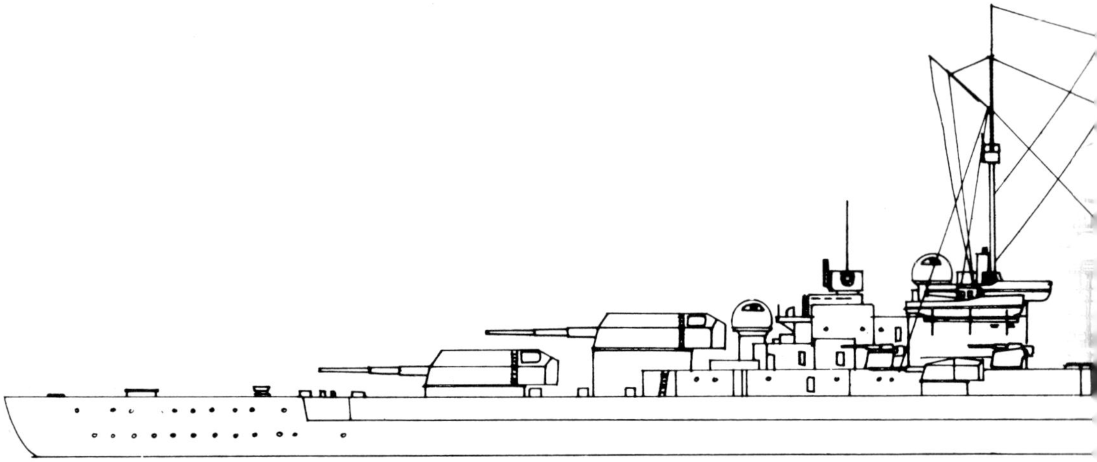

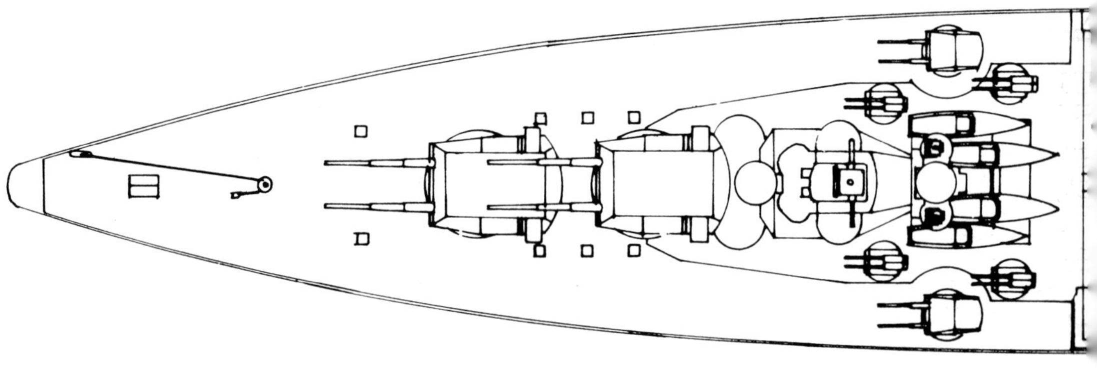

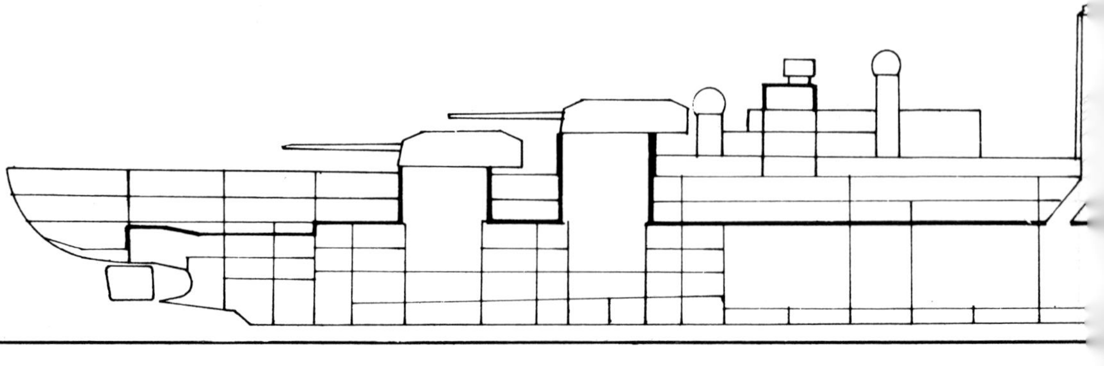